Uni-Taschenbücher 194

UTB

Eine Arbeitsgemeinschaft der Verlage

Birkhäuser Verlag Basel und Stuttgart
Wilhelm Fink Verlag München
Gustav Fischer Verlag Stuttgart
Francke Verlag München
Paul Haupt Verlag Bern und Stuttgart
Dr. Alfred Hüthig Verlag Heidelberg
J. C. B. Mohr (Paul Siebeck) Tübingen
Quelle & Meyer Heidelberg
Ernst Reinhardt Verlag München und Basel
F. K. Schattauer Verlag Stuttgart-New York
Ferdinand Schöningh Verlag Paderborn
Dr. Dietrich Steinkopff Verlag Darmstadt
Eugen Ulmer Verlag Stuttgart
Vandenhoeck & Ruprecht in Göttingen und Zürich
Verlag Dokumentation München-Pullach
Westdeutscher Verlag/Leske Verlag Opladen

Otto Rang

Vektoralgebra

Mit 94 Abbildungen und 66 Übungsaufgaben mit Lösungen

Springer-Verlag Berlin Heidelberg GmbH

Prof. Dr.-Ing. Otto Rang, geboren 1918 in Aussig, studierte Ingenieurwissenschaften an der Technischen Hochschule in Prag. 1940 Abschluß des Studiums (Dipl.-Ing., Fachrichtung Elektrotechnik). 1943 – 1953 Industrietätigkeit. 1952 Promotion zum Dr.-Ing. an der Technischen Hochschule Darmstadt. 1953 Dozent, ab 1963 Professor an der Staatlichen Ingenieurschule Mannheim. 1960 Venia legendi für Physik an der Technischen Hochschule Darmstadt, 1966 apl. Professor, 1971 Honorarprofessor ebendort.

ISBN 978-3-7985-0356-4 ISBN 978-3-642-95949-3 (eBook)
DOI 10.1007/978-3-642-95949-3

Ursprünglich erschienen bei Dr. Dietrich Steinkopff Verlag, Darmstadt 1973

Einbandgestaltung: Alfred Krugmann, Stuttgart

Gebunden bei der Großbuchbinderei Sigloch, Stuttgart

Vorwort

Das vorliegende Taschenbuch ist eine verbesserte und ergänzte Ausgabe eines Teils des Buches „Einführung in die Vektorrechnung für Naturwissenschaftler, Chemiker und Ingenieure", 2. Aufl. von HUGO SIRK und OTTO RANG (Darmstadt 1969). Genau wie dieses ist es daher in erster Linie ein *Lernbuch*, nicht aber ein nach allen Seiten abgerundetes Lehrbuch im üblichen Sinne, und die methodische Anschaulichkeit dominiert gegenüber der axiomatischen Strenge. Insbesondere sind die Begriffe der Vektorrechnung bevorzugt an Beispielen aus der Naturwissenschaft entwickelt, und ihre praktische Brauchbarkeit ist weitgehend gleich anschließend durch Anwendungen gezeigt.

Neu hinzugekommen sind Lösungen für alle Übungsaufgaben, und damit wurde – zumindest für den Bereich der Vektoralgebra – ein Wunsch erfüllt, der von den Benutzern des „SIRK/RANG" mehrfach an den Verlag bzw. den Verfasser herangetragen worden ist.

Mannheim, Dezember 1972 OTTO RANG

Inhaltsverzeichnis

§ 2. Produkte zweier Vektoren

Abb. 1. Von A nach B gerichtete Strecke

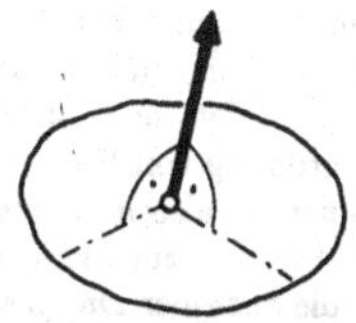

Abb. 2. Kennzeichnung einer im Raum orientierten ebenen Fläche durch eine gerichtete Strecke

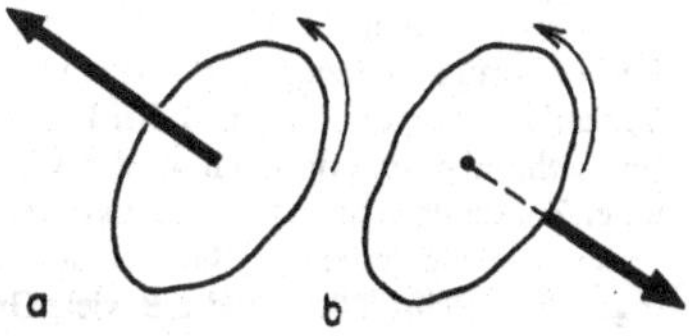

Abb. 3. Pfeilrichtung und Umlaufsinn einer Fläche
a) Rechtssystem; b) Linkssystem

§ 1. Die Vektordefinition und einfachere Gesetzmäßigkeiten

1.1 Skalare und Vektoren

Skalare. Die ihrer Struktur nach einfachsten physikalischen Größen sind durch Angabe einer einzigen Zahl (in Verbindung mit der entsprechenden Maßeinheit) vollständig beschrieben. Da in vielen Fällen diese Zahl an einer Skala ablesbar sein kann, nennt man sie *skalare* Größen oder kurz *Skalare.* Beispiele für Skalare sind Druck, Dichte, Temperatur, Zeit; auch Längen von Strecken, bei denen auf eine Richtungsangabe kein Wert gelegt wird, sind Skalare.

Wir kennzeichnen im folgenden Skalare durch kursiv gedruckte lateinische oder griechische Groß- oder Kleinbuchstaben.

Z. B.	Druck .... p	Zeit .... t
	Dichte .... ρ	Länge .... s, l
	Temperatur ..... ϑ, T	usw.

Vektoren. In den Naturwissenschaften hat man aber oft auch mit Größen zu tun, die sich gerichteten Strecken (Abb. 1) in umkehrbar eindeutiger Weise zuordnen lassen. Eine gerichtete Strecke hat eine Länge, eine Richtung und einen Richtungssinn z. B. von A nach B, der durch einen Pfeil angegeben wird. Eine derartige Größe ist z. B. die Kraft. Die Länge der ihr zugeordneten gerichteten Strecke gibt ihre Intensität. Ihre Richtung und ihr Richtungssinn werden durch Richtung und Richtungssinn der Strecke gegeben.

Die Zuordnung zwischen physikalischer Größe und gerichteter Strecke liegt beim Kraftbegriff auf der Hand. Ähnlich einleuchtend ist sie auch bei Größen wie Geschwindigkeit, Beschleunigung, Impuls. Es gibt aber auch Größen, bei denen eine durch eine gerichtete Strecke angebbare Orientierung zunächst nicht unmittelbar einleuchtet. Solch eine Größe ist z. B. eine im Raum orientierte *ebene* Fläche (Abb. 2). Der Flächeninhalt (nicht aber die Form!) läßt sich durch die Länge des Pfeils wiedergeben; die räumliche Lage der Ebene liegt ebenfalls eindeutig fest, wenn man vereinbart, die der Fläche zugeordnete gerichtete Strecke möge stets senkrecht auf ersterer stehen. Nach welcher Seite der Fläche der Pfeil zeigen soll, bleibt dabei offen. Das bietet die Möglichkeit, eine weitere Information über die Fläche in den Pfeil hineinzupacken.

Wenn die (ebene) Fläche ein Teil der Begrenzung eines geschlossenen Raumes, also Teil einer Oberfläche ist, dann läßt man üblicherweise den Pfeil in den Außenraum zeigen und gibt somit eine Information darüber, welche Seite der Fläche die Innenseite, welche die Außenseite ist.

Meist aber benutzt man die Pfeilrichtung, um den Umlaufsinn der dargestellten Fläche auszudrücken (Abb. 3).

Bei sogenannten Rechtssystemen sind Umlaufsinn und Pfeilrichtung im Sinne einer Rechtsschraube miteinander verknüpft: Blickt man in Pfeilrichtung, dann geht der Umlauf rechts herum (Abb. 4). Bei Linkssystemen erfolgt die Zuordnung im Sinne einer Linksschraube. Im folgenden werden wir die Zuordnung von Pfeil und Umlaufsinn stets unter Zugrundelegung eines Rechtssystems vornehmen, also im Sinne von Abb. 3a.

Beispiele von gerichteten Größen der am Beispiel der ebenen Fläche geschilderten Art, sogenannte Plangrößen, sind z. B. viele Größen, die mit einer Drehbewegung zusammenhängen wie Winkelgeschwindigkeit, Winkelbeschleunigung, Drehimpuls, Drehmoment.

Auch der Drehwinkel bei einer Drehung eines Körpers um eine Achse läßt sich umkehrbar eindeutig einer gerichteten Strecke zuordnen. Die Richtung der als Bild dienenden Strecke muß dabei gleich der Richtung der Drehachse gewählt werden, die Größe des Drehwinkels läßt sich durch die Länge der Strecke ausdrücken, der Drehsinn läßt sich durch die Vereinbarung eines Rechtssystems festlegen. Allerdings zeigt sich hierbei ein wesentlicher Unterschied gegenüber den vorher genannten „gerichteten" Größen. Er betrifft ihre Addition.

Abb. 4. Merkregel für Rechtsdrehung und für Linksdrehung

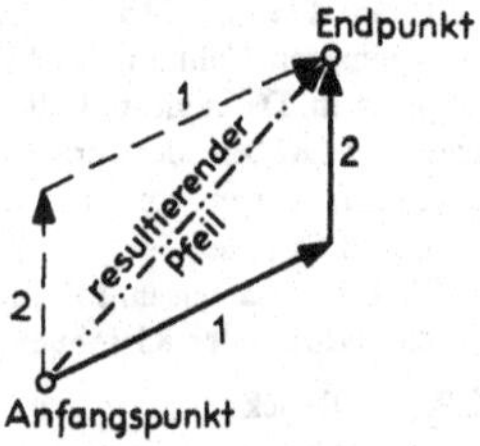

Abb. 5. Unabhängigkeit der Endpunkte von der Reihenfolge der Teilstrecken

Fügt man zwei gerade, aber verschieden gerichtete Wegstrecken aneinander, so ist der Endpunkt, der sich durch einen *resultierenden* Pfeil darstellen läßt, unabhängig von der Reihenfolge der Teilstrecken (Abb. 5).

Anders ist es beim Beispiel der Verdrehung eines starren Körpers. Wir stellen uns einen starren Körper vor, zeichnen aber der Einfachheit halber nicht den Körper, sondern nur ein in ihm festes Koordinatensystem a, b, c (Abb. 6). Zunächst drehen wir den Körper aus der Anfangslage 1 um eine durch den Ursprung O gehende Achse, die parallel zur gegenwärtigen Lage der a-Achse ist, um einen rechten Winkel und bringen ihn so in die Lage 2. Diese Drehung kann man durch die gerichtete Strecke α charakterisieren. Dann drehen wir ihn um eine durch O gehende Achse, die der gegenwärtigen Lage der b-Achse parallel ist, wieder um einen rechten Winkel, in die Lage 3. Diese Drehung wird durch die gerichtete Strecke β charakterisiert. α und β sind gleich lang.

Lassen wir nun die beiden Drehungen wieder auf die Ausgangslage des Körpers wirken, jedoch in umgekehrter Folge, so ergibt sich die Endlage 6, die von 3 verschieden ist. Bei diesem Beispiel können also die durch Strecken dargestellten Größen, die Drehungen, in ihrer Reihenfolge nicht ohne Änderung des Ergebnisses vertauscht werden.

Außerdem läßt sich der Übergang des Körpers aus Stellung 1 (Stellung 4) weder in Stellung 3 noch in Stellung 6 mit Hilfe der Drehung bewerkstelligen, die durch den aus α und β resultierenden Pfeil dargestellt wird.

Vektoren sind nun dahingehend definiert, daß es Größen sind, die durch gerichtete Wegstrecken dargestellt werden können und deren Addition darüber hinaus der geometrischen Aneinanderreihung dieser Wegstrecken entspricht.

Der Drehwinkel, bzw. die Drehung, ist also *kein* Vektor.

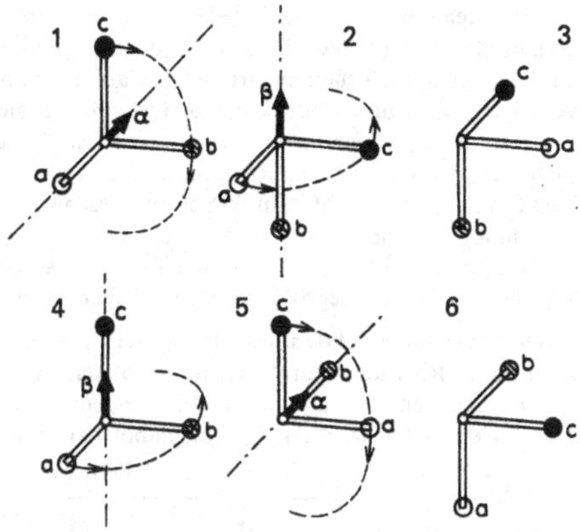

Abb. 6. Mehrfache Drehung eines starren Körpers

Steht der Richtungscharakter eines Vektors von vornherein fest, dann handelt es sich um einen sogenannten *polaren Vektor.*

Muß der Richtungssinn eines Vektors mit Hilfe eines Rechtssystems (Linkssysteme sind nicht üblich) festgelegt werden, dann spricht man von einem *axialen Vektor.* Die Bezeichnung axial deutet auf die Verwandtschaft solcher Vektoren mit der Drehbewegung hin.

Im folgenden werden Rechnungsregeln für Vektoren durch Betrachtung gerichteter Strecken abgeleitet und dann in Form von Gleichungen ausgedrückt. Um zu erkennen, daß diese Gleichungen sich auf Vektoren beziehen, werden die Vektoren durch halbfett gedruckte Kursivbuchstaben, oder durch Kursivbuchstaben mit einem darübergesetzten kleinen Pfeil gekennzeichnet. Z. B.

Kraft .... $\boldsymbol{F}$ oder $\vec{F}$
Geschwindigkeit .... $\boldsymbol{v}$ oder $\vec{v}$
ebene Fläche .... $\boldsymbol{A}$ bzw. $\boldsymbol{f}$ oder $\vec{A}$ bzw. $\vec{f}$
Winkelgeschwindigkeit...... $\vec{\omega}$
usw.

Denkt man sich verschiedene Verschiebungen eines gedachten Punktes immer vom selben festen Punkt, dem Ursprung O, ausgehend, so definieren deren Endpunkte, die Spitzen der Verschiebungsvektoren, verschiedene Punkte im Raum, ebenso wie die drei kartesischen Koordinaten eines Punktes seinen Ort im Raume festlegen. Derartige von einem festen Bezugspunkt ausgehende Vektoren nennt man *Fahrstrahlen* oder auch *Ortsvektoren.* Eine ältere Bezeichnung, radius vector, wurde von Kepler bei Beschreibung der Planetenbewegung für den von der Sonne als Ursprung zum Planeten gezogenen Fahrstrahl gebraucht.

Häufig findet man in der einführenden Literatur eine Einteilung von Vektoren in sogenannte freie und gebundene Vektoren. Diese Einteilung ist in gewissem Sinne irreführend, denn der Gesichtspunkt, der dieser Einteilung zugrunde liegt, ist dem Vektor wesensfremd. Jede bestimmte physikalische Größe muß einen Bezug auf die Umwelt haben, muß irgendwie sachbezogen sein. Wenn z. B. ein Automobil fährt, dann hat es eine Geschwindigkeit, der Geschwindigkeitsvektor bezieht sich auf das Automobil. Vergleicht man die Geschwindigkeitsvektoren verschiedener Automobile, die zu verschiedenen Zeiten die gleiche Straße befahren, dann könnte man – um ein für unsere Zwecke geeignetes Beispiel auszuwählen – feststellen, daß alle Automobile ihre Geschwindigkeit an einer ins Auge gefaßten Ortseinfahrt auf 50 km/h drosseln. Die Geschwindigkeitsvektoren aller Automobile sind am Ortseingang gleich, man kann eine Verbindung zwischen der Geschwindigkeit 50 km/h und dem Ortseingang konstatieren. Liegen noch weitere Bindungen zwischen Raumpunkten und den Geschwindigkeitsvektoren der Automobile vor, dann spricht man von einem Geschwindigkeits*feld*. Allgemein: Besteht eine Zuordnung zwischen Vektoren und Punkten des Raumes, dann spricht man von einem *Vektorfeld*, die Vektoren heißen dann *Feldvektoren* oder gebundene Vektoren. Das hat aber mit dem Vektorbegriff als solchem nichts zu tun.

Der Betrag eines Vektors. Der Betrag eines Vektors, d. h. sein Wert ohne Berücksichtigung seines Richtungscharakters, ist ein Skalar. Man bezeichnet ihn oft mit dem entsprechenden mageren Buchstaben, oder mit dem Buchstaben ohne darübergesetzten Pfeil, oder dadurch, daß man das Vektorsymbol zwischen zwei vertikale Striche setzt. Z. B.

Vektor	Betrag des Vektors
$\boldsymbol{A}$	A oder $\lvert\boldsymbol{A}\rvert$
$\boldsymbol{s}$	s oder $\lvert\boldsymbol{s}\rvert$
$\vec{\omega}$	ω oder $\lvert\vec{\omega}\rvert$

1.2 Die Summe und die Differenz von Vektoren

Eigenschaften der Vektorsumme. Wie durch die Vektor-Definition festgelegt, addieren sich Vektoren wie gerichtete, geradlinige Wegstrecken, also durch geometrisches An-

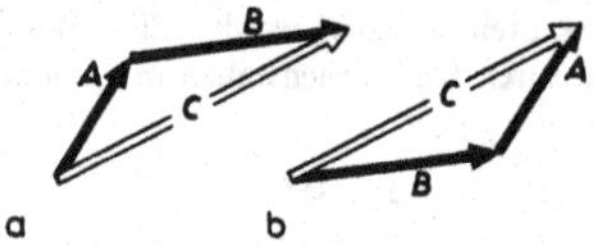

Abb. 7. Vektoraddition

einanderfügen der Vektorpfeile. Die Addition gemäß Abb. 7a drückt man durch die Gleichung

$$\boldsymbol{A} + \boldsymbol{B} = \boldsymbol{C}$$

aus, die Addition gemäß Abb. 7b durch

$$\boldsymbol{B} + \boldsymbol{A} = \boldsymbol{C}.$$

Da die Reihenfolge der Summanden bei der Vektoraddition ohne Einfluß auf das Resultat, auf die *Resultierende* $\boldsymbol{C}$ ist, gehorcht die Vektoraddition dem Gesetz der Vertauschbarkeit der Summanden, dem *kommutativen Gesetz*:

■ Kommutativgesetz für die Vektoraddition:

$$\boldsymbol{A} + \boldsymbol{B} = \boldsymbol{B} + \boldsymbol{A} \qquad [1]$$

Es ist nicht auf zwei Summanden beschränkt, es gilt für beliebig viele. Z. B. ist

$$\boldsymbol{A} + \boldsymbol{B} + \boldsymbol{C} = \boldsymbol{A} + \boldsymbol{C} + \boldsymbol{B} = \boldsymbol{B} + \boldsymbol{A} + \boldsymbol{C} = \boldsymbol{B} + \boldsymbol{C} + \boldsymbol{A} = \quad \text{usw.},$$

wie man sich durch Aufzeichnen entsprechender Vektoren selbst überzeugen kann. Beweisen läßt es sich leicht durch Kongruenz verschiedener, bei der Zeichnung entstehender Dreiecke.

Aus der Abb. 7 entnimmt man weiter, daß

$$|A| + |B| > |A + B|,$$

was nichts anderes ist als die vektoriell geschriebene Ungleichung für den Satz: Zwei Dreieckseiten zusammen sind stets länger als die dritte Seite. Nur für den Fall, daß A und B gleichsinnig parallel sind, ist

$$|A + B| = |A| + |B|.$$

Allgemein gilt also

$$|A + B| \leqq |A| + |B|.$$

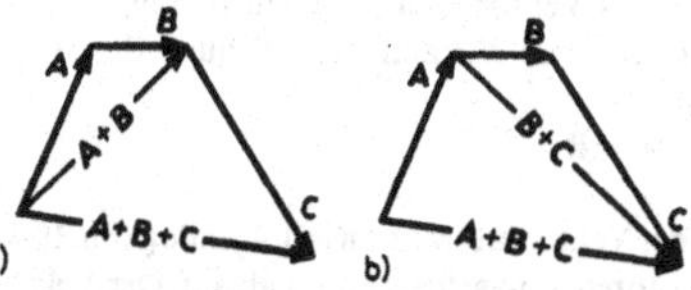

Abb. 8. Zur Assoziativität der Vektoraddition

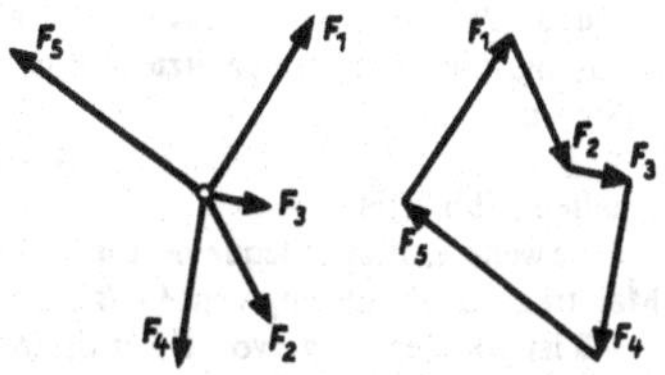

Abb. 9. Kräftegleichgewicht

Wir addieren drei Vektoren A, B und C (die nicht in einer Ebene zu liegen brauchen) zunächst so, daß wir C zur Summe $(A + B)$ hinzufügen (Abb. 8a). Als Ergebnis erhält man den vom Anfangspunkt (Fußpunkt) von A zur Spitze von C gezogenen Vektor. Verfährt man gemäß Abb. 8b, indem man zu A die Summe $(B + C)$ hinzufügt, dann erhält man dasselbe Resultat. Es ist also gleichgültig, welche Vektoren man zuerst miteinander verknüpft. Dieses Verknüpfungsgesetz bezeichnet man als *Assoziativgesetz*:

■ Assoziativgesetz für die Vektoraddition:

$$(A + B) + C = A + (B + C) \qquad [2]$$

Es gilt für eine beliebige Anzahl von Summanden und läßt auch beliebige Kombinationen unter ihnen zu.

Das Kraftpolygon. Greifen n Kräfte F_i an einem Körper – im einfachsten Fall an einem Punkte – an, so ist die Resultierende R gegeben durch

$$R = \sum F_i.$$

In der Konstruktion erscheinen die n Kräfte als n Seiten des räumlichen *Kraftpolygons*. Der vom Anfangspunkt der ersten zum Endpunkt der letzten Kraft gerichtete Vektor ist seine $(n + 1)$-te Seite, ist die *Resultierende*.

Wenn die n Kräfte im Gleichgewicht sind, ist also $\sum F_i = 0$. Die Konstruktion macht dies kenntlich, indem der Endpunkt der n-ten Kraft mit dem Anfangspunkt der ersten zusammenfällt. Das Kraftpolygon schließt sich (Abb. 9).

Die Vektordifferenz R zweier Vektoren $A - B$ ist analog zur algebraischen Differenz wie folgt definiert: Wenn zur Differenz R der Vektor B (Subtrahend) hinzugefügt wird, dann erhält man den Vektor A (Minuend). Es muß also gelten

$$R + B = A.$$

Abb. 10 zeigt den geometrischen Sachverhalt, und zwar Abb. 10a die beiden voneinander zu subtrahierenden Vektoren, Abb. 10b die Konstruktion gemäß $\boldsymbol{R} + \boldsymbol{B} = \boldsymbol{A}$.

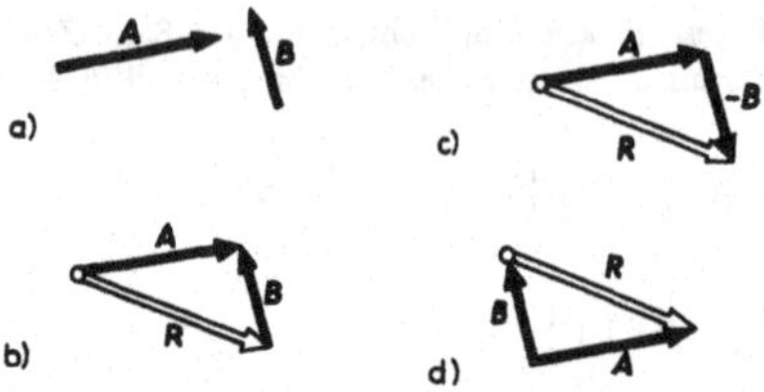

Abb. 10. Zur Vektorsubtraktion

Durch Definition eines Vektors $-\boldsymbol{B}$, also eines Vektors mit gleichem Betrag, gleicher Richtung, aber entgegengesetztem Richtungssinn wie $\boldsymbol{B}$ kann man $\boldsymbol{R}$ auch durch die Addition

$$\boldsymbol{A} + (-\boldsymbol{B}) = \boldsymbol{R}$$

erhalten (Abb. 10c).

Eine weitere, oft sehr bequeme Ausführung der Vektorsubtraktion ist folgende (Abb. 10d). Man trägt zur Ermittlung von $\boldsymbol{A} - \boldsymbol{B}$ beide Vektoren vom selben Punkt ab auf. Der Vektor $\boldsymbol{A} - \boldsymbol{B}$ ist von der Spitze von $\boldsymbol{B}$ zur Spitze von $\boldsymbol{A}$ gerichtet. In der Tat ist

$$\boldsymbol{B} + (\boldsymbol{A} - \boldsymbol{B}) = \boldsymbol{A}\,.$$

Ein einfaches Beispiel für die Summe und für die Differenz zweier Vektoren geben uns die beiden Diagonalen eines Parallelogramms (Abb. 11), das die beiden Vektoren $\boldsymbol{A}$ und $\boldsymbol{B}$ aufspannen. Wenn man beide Vektoren vom Endpunkt O ausgehen läßt, sind unter Berücksichtigung des Richtungssinnes die beiden Diagonalen durch $\boldsymbol{A} + \boldsymbol{B}$ bzw. $\boldsymbol{A} - \boldsymbol{B}$ gegeben.

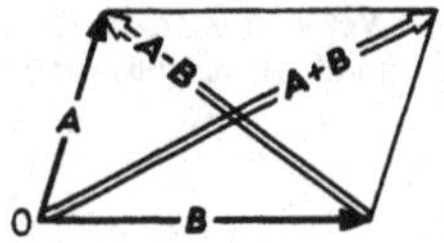

Abb. 11. Die Diagonalen eines Parallelogramms

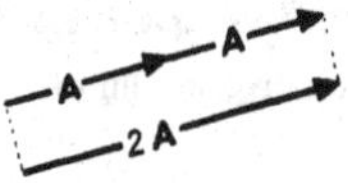

Abb. 12. Zur Multiplikation eines Vektors mit einem Skalar

1.3 Die Multiplikation eines Vektors mit einem Skalar

Zur Definition. Wenn man $\boldsymbol{A}$ zu $\boldsymbol{A}$ addiert, dann erhält man einen Vektor, dessen Betrag doppelt so groß ist wie der von $\boldsymbol{A}$, dessen Richtung und Richtungssinn (auch *Orientierung* genannt) die gleichen sind wie bei $\boldsymbol{A}$ (Abb. 12). Man nennt diesen resultierenden Vektor $2\boldsymbol{A}$. Das Verfahren läßt sich auf beliebig viele, z. B. n Vektoren $\boldsymbol{A}$ anwenden. Das Ergebnis ist dann $n\boldsymbol{A}$. Man bezeichnet es als das *Produkt* aus der Zahl n und dem Vektor $\boldsymbol{A}$.

Man sieht leicht ein, daß der Betrag des Vektors $n\boldsymbol{A}$ gleich dem n-fachen Betrag von $\boldsymbol{A}$ ist:

■ $$|n\boldsymbol{A}| = |n|\,|\boldsymbol{A}| \qquad [3a]$$

Wir haben rechts bewußt $|n|$ und nicht nur n geschrieben, um auch die Fälle negativer n mit zu erfassen.

Die Richtung von nA ist die gleiche wie die von A, der Richtungssinn richtet sich nach dem Vorzeichen von n. Ist n negativ, dann ist $n\,A$ entgegengesetzt gerichtet wie A. Man kann dies wie folgt zum Ausdruck bringen:

■ Richtungssinn von $|n|\,A$ = Richtungssinn von A [3b]

Die Feststellungen [3a] und [3b] über das Produkt $n\,A$ sind einer Verallgemeinerung fähig. Man kann sie nämlich zu *Definitionsgleichungen* für das Produkt eines Vektors mit einem Skalar erklären. Das bedeutet, daß n nicht nur irgendeine (dimensionslose) Zahl, sondern jede beliebige skalare (also dimensionsbehaftete) Größe sein kann.

Beim Produkt eines Vektors mit einem Skalar sind die Faktoren vertauschbar, das Produkt ist also kommutativ:

$$n\,A = A\,n.$$

Das Produkt eines Vektors mit mehreren Skalaren ist assoziativ, also

$$m\,n\,A = (m\,n)\,A = m(n\,A) = n(m\,A).$$

Eines Beweises dieser beiden Sätze bedarf es nicht, sie leuchten unmittelbar ein, bzw. können als naheliegende Definitionen aufgefaßt werden.

Die Division eines Vektors durch einen Skalar ist in den Definitionsgleichungen [3] mit enthalten. Denn da für alle reellen Zahlen und für alle skalaren Größen reziproke Größen existieren, ist die Division durch einen Skalar dasselbe wie die Multiplikation mit dessen Kehrwert. Es ist also

$$A/m = (1/m)\,A.$$

Beispiele aus der Physik. Produkte von Vektoren mit Skalaren kommen in der Physik oft vor. So lautet z. B. das sogenannte Grundgesetz der (*Newton*schen) Dynamik in Vektorform

$$F = m_{tr}\,a,$$

worin F die auf einen Körper der Trägheit (Masse) m_{tr} wirksame Kraft ist, die ihm die Beschleunigung a erteilt. Aus dieser Formel erkennt man nicht nur, daß der Betrag der Kraft gleich ist dem Produkt aus Masse und Betrag der Beschleunigung, sondern auch, daß die Beschleunigung dieselbe Richtung und Orientierung hat wie die Kraft. (Denn negative Massen gibt es nicht).

Das angeführte Grundgesetzt – das sei nur nebenbei gesagt – gilt in der vorgelegten Form allerdings nur im Bereich kleiner Geschwindigkeiten. Werden sie der Lichtgeschwindigkeit vergleichbar, dann darf die der Formel zugrundeliegende sogenannte träge Masse nicht mehr als Skalar angesehen werden.

Unbeschränkte Gültigkeit hat dagegen die Gesetzmäßigkeit, die zwischen Bewegungsgröße (Impuls) p und der Geschwindigkeit v eines Körpers mit der Impulsmasse m besteht:

$$p = m\,v.$$

Ein drittes Beispiel für das Produkt eines Skalars mit einem Vektor ist die Definitionsgleichung für die elektrische Feldstärke E an einem Punkte eines elektrischen Feldes. Ist Q die (skalare) elektrische Ladung eines punktförmigen Körpers und F die Kraft, die dieser Körper an der betreffenden Stelle des (bereits vorhandenen) Feldes erfährt, dann gilt

$$F = Q\,E.$$

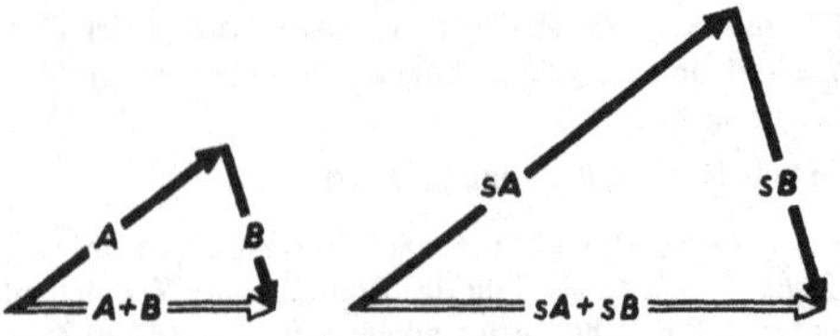

Abb. 13. Zum Distributivgesetz für die Multiplikation von $(\boldsymbol{A} + \boldsymbol{B})$ mit s

Als Definition für die Feldstärke $\boldsymbol{E}$ ist damit festgelegt

$$|\boldsymbol{E}| = |\boldsymbol{F}|/Q;$$
$$\text{Richtung von } \boldsymbol{E} = \text{Richtung von } \boldsymbol{F}, \text{ wenn } Q > 0;$$
$$= \text{Richtung von } -\boldsymbol{F}, \text{ wenn } Q < 0.$$

Bezüglich der Dimensionen von Vektoren ist zu bemerken, daß ein Vektor stets die Dimension seines Betrages hat:

$$\dim \boldsymbol{A} = \dim |\boldsymbol{A}|.$$

Das distributive Gesetz. Wir fragen uns, ob $s(\boldsymbol{A} + \boldsymbol{B})$ gleich ist $s\boldsymbol{A} + s\boldsymbol{B}$, ob also für die Multiplikation von Vektoren mit einem Skalar das *distributive Gesetz* gilt.

In den beiden mit $\boldsymbol{A}$, $\boldsymbol{B}$, $(\boldsymbol{A} + \boldsymbol{B})$ bzw. $s\boldsymbol{A}$, $s\boldsymbol{B}$, $(s\boldsymbol{A} + s\boldsymbol{B})$ gezeichneten Dreiecken der Abb. 13 ist $\sphericalangle \boldsymbol{A}, \boldsymbol{B} = \sphericalangle s\boldsymbol{A}, s\boldsymbol{B}$ und außerdem ist $|\boldsymbol{A}| : |\boldsymbol{B}| = |s\boldsymbol{A}| : |s\boldsymbol{B}|$. Also sind die Dreiecke einander ähnlich. Daher hat die dem $\sphericalangle s\boldsymbol{A}, s\boldsymbol{B}$ gegenüberliegende Seite den Betrag $s|\boldsymbol{A} + \boldsymbol{B}|$. Andererseits ist sie als geometrische Summe gleich $s\boldsymbol{A} + s\boldsymbol{B}$. Es gilt also tatsächlich das

■ Distributivgesetz für die Multiplikation von Vektoren mit einem Skalar

$$s(\boldsymbol{A} + \boldsymbol{B}) = s\boldsymbol{A} + s\boldsymbol{B} \qquad [4a]$$

Dieses Gesetz läßt sich, wie leicht einzusehen, für eine Summe einer beliebigen Anzahl von Vektoren erweitern. Es ist also

$$s\sum \boldsymbol{v}_i = \sum (s\boldsymbol{v}_i).$$

Auch für die Multiplikation einer Summe von Skalaren mit einem Vektor gilt, wie ohne weiteres einzusehen, das

■ Distributivgesetz

$$(s_1 + s_2)\boldsymbol{V} = s_1\boldsymbol{V} + s_2\boldsymbol{V} \qquad [4b]$$

1.4 Einsvektoren

Vektoren, die den (dimensionslosen) Betrag 1 haben, heißen *Einsvektoren*, oft auch *Einheitsvektoren.* Zwischen einem Vektor A und dem gleich orientierten Einsvektor $\boldsymbol{e}_A$ besteht, wie man leicht einsieht, die Beziehung

■
$$\boldsymbol{A} = |\boldsymbol{A}|\boldsymbol{e}_A \qquad [5]$$

(Definition des Einsvektors $\boldsymbol{e}_A$)

Durch Multiplikation dieser Gleichung mit dem Skalar $1/|\boldsymbol{A}|$ erhält man

$$\frac{1}{|\boldsymbol{A}|}\cdot\boldsymbol{A} = \frac{1}{|\boldsymbol{A}|}\cdot|\boldsymbol{A}|\boldsymbol{e}_A = \boldsymbol{e}_A,$$

da ja $(1/|\boldsymbol{A}|)\cdot|\boldsymbol{A}| = 1$ ist. Man findet somit den zugeordneten Einsvektor, indem man den Vektor durch seinen Betrag dividiert.

1.5 Die lineare Abhängigkeit von Vektoren

Die Kollinearität. Vektoren, die gleiche Richtung haben, sind zueinander *kollinear*. Die Orientierung braucht dabei nicht gleich zu sein (Abb. 14).

Mit Hilfe eines entsprechenden skalaren Parameters λ lassen sich alle zueinander

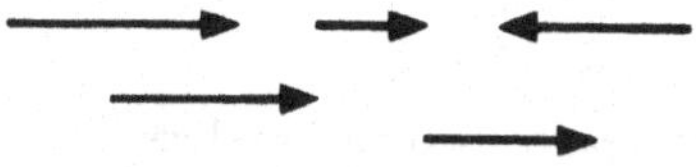

Abb. 14. Kollineare Vektoren

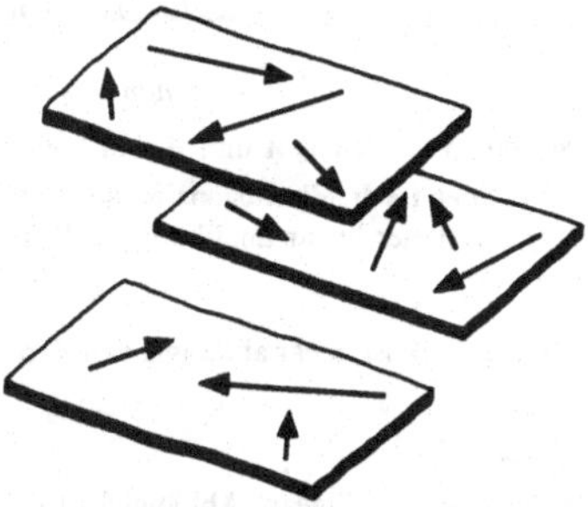

Abb. 15. Komplanare Vektoren

kollinearen Vektoren $\boldsymbol{V}$ als Produkte von der Form $\lambda\,\boldsymbol{A}$ ausdrücken, wenn $\boldsymbol{A}$ einer dieser Vektoren ist:

$$\boldsymbol{V} = \lambda\,\boldsymbol{A}\,.$$

Man sagt: „Der Vektor $\boldsymbol{V}$ ist *linear abhängig* von $\boldsymbol{A}$". Die lineare Abhängigkeit kollinearer Vektoren läßt sich auch anschreiben als

$$\boldsymbol{V} - \lambda\,\boldsymbol{A} = 0$$

oder als sogenannte

■ Kollinearitätsbedingung

$$m\,\boldsymbol{V} + n\,\boldsymbol{A} = 0, \qquad [6]$$

wobei jedoch die beiden skalaren Größen m und n nicht unabhängig von einander sind, sondern der Bedingung

$$n/m = -\lambda$$

genügen. Erfüllen zwei Vektoren $\boldsymbol{V}$ und $\boldsymbol{A}$ die Gleichung [6], so sind sie kollinear.

Die Komplanarität. Vektoren, die in zueinander parallelen Ebenen liegen, sind zueinander **komplanar** (Abb. 15).

Sind $\boldsymbol{A}$ und $\boldsymbol{B}$ von einander linear unabhängig (also nicht kollinear), dann läßt sich jeder zu ihnen komplanare Vektor $\boldsymbol{V}$ mit Hilfe zweier skalarer Parameter λ und μ als lineare Vektorfunktion von $\boldsymbol{A}$ und $\boldsymbol{B}$ darstellen (Abb. 16):

$$\boldsymbol{V} = \lambda\,\boldsymbol{A} + \mu\,\boldsymbol{B}\,.$$

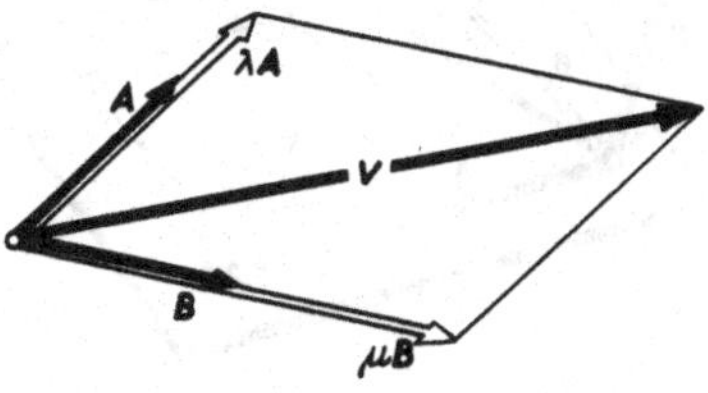

Abb. 16. Lineare Abhängigkeit dreier komplanarer Vektoren

Man sagt: „V ist linear abhängig von A und B". Diese Abhängigkeit läßt sich auch anschreiben als

$$V - \lambda A - \mu B = 0$$

oder als sogenannte

■ Komplanaritätsbedingung

$$m V + n A + p B = 0, \qquad [7]$$

wobei

$$n/m = -\lambda \quad \text{und} \quad p/m = -\mu$$

ist. Drei Vektoren V, A und B sind komplanar, wenn sie die Gleichung [7] erfüllen.

Vektoren im dreidimensionalen Raum. Hier läßt sich jeder Vektor V als lineare Vektorfunktion dreier linear unabhängiger Vektoren A, B und C darstellen (Abb. 17):

$$V = \lambda A + \mu B + \nu C$$

Man sagt: „V ist linear abhängig von A, B und C." Auch hier kann man umformen zu:

$$V - \lambda A - \mu B - \nu C = 0,$$

oder zur

■ Bedingung für lineare Abhängigkeit im Raum

$$m V + n A + p B + q C = 0, \qquad [8]$$

wobei

$$n/m = -\lambda; \; p/m = -\mu; \; q/m = -\nu$$

ist. Wenn vier Vektoren im Raum untereinander weder kollinear noch komplanar sind, dann besteht Gleichung [8] im Raume immer: Vier Vektoren im Raume sind stets voneinander linear abhängig.

Bezeichnet man eine Gerade als eindimensionalen Raum, eine Ebene als zweidimensionalen und den Raum unserer Vorstellungswelt als dreidimensionalen, dann gibt die folgende Tabelle einen Überblick über die jeweiligen Bedingungen für lineare Abhängigkeit und über die Höchstzahlen der linear unabhängigen Vektoren:

Raum	Gleichung der linearen Abhängigkeit	Höchstzahl der linear unabhängigen Vektoren
eindimensional	$m V + n A = 0$	1
zweidimensional	$m V + n A + p B = 0$	2
dreidimensional	$m V + n A + p B + q C = 0$	3

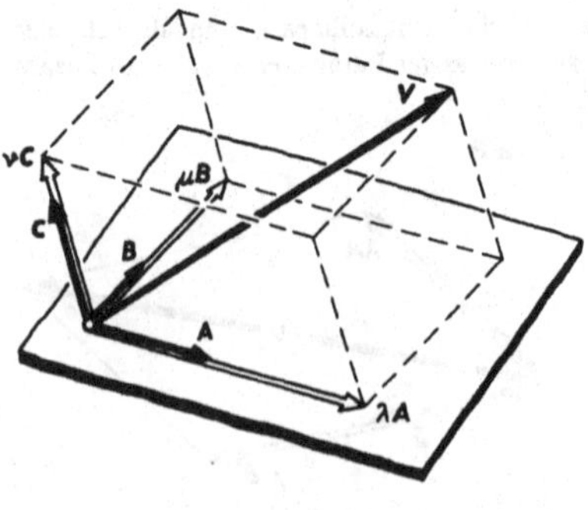

Abb. 17. Lineare Abhängigkeit von vier Vektoren im Raum

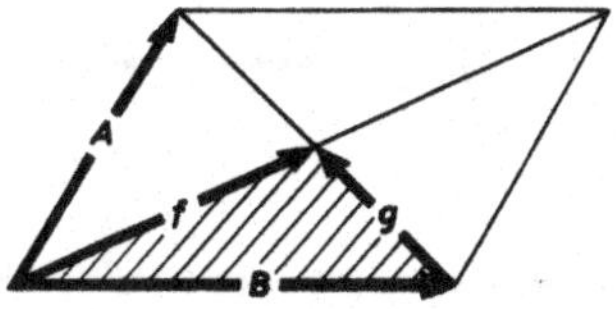

Abb. 18. Zum Beweis des Satzes, daß sich die Diagonalen in einem Parallelogramm gegenseitig halbieren

Der Beweis durch Vektorrechnung, daß sich die Diagonalen in einem Parallelogramm gegenseitig halbieren. Dieser Beweis läuft darauf hinaus, daß $\boldsymbol{f}$ in Abb. 18 die Hälfte der Diagonale $(\boldsymbol{A} + \boldsymbol{B})$ und $\boldsymbol{g}$ die Hälfte der Diagonale $(\boldsymbol{A} - \boldsymbol{B})$ ist:

Da $\boldsymbol{f}$ und $(\boldsymbol{A} + \boldsymbol{B})$ kollinear sind, setzen wir

$$\boldsymbol{A} + \boldsymbol{B} = m\,\boldsymbol{f} \tag{a}$$

und analog

$$\boldsymbol{A} - \boldsymbol{B} = n\,\boldsymbol{g}\,. \tag{b}$$

Nun berechnen wir die Zahlen m und n:
Subtraktion der Gleichung (b) von Gleichung (a) ergibt

$$2\,\boldsymbol{B} = m\,\boldsymbol{f} - n\,\boldsymbol{g} \quad \text{bzw.} \quad \boldsymbol{B} = \frac{m}{2}\boldsymbol{f} - \frac{n}{2}\boldsymbol{g}\,. \tag{c}$$

Aus dem schraffierten Dreieck der Abb. 18 folgt

$$\boldsymbol{B} = \boldsymbol{f} - \boldsymbol{g}\,. \tag{d}$$

Aus (c) und (d) ergibt sich sofort

$$\frac{m}{2}\boldsymbol{f} - \frac{n}{2}\boldsymbol{g} = \boldsymbol{f} - \boldsymbol{g} \quad \text{bzw.} \quad \left(\frac{m}{2} - 1\right)\boldsymbol{f} - \left(\frac{n}{2} - 1\right)\boldsymbol{g} = 0\,. \tag{e}$$

Weil aber $\boldsymbol{f}$ und $\boldsymbol{g}$ verschiedene Richtung haben, kann die linke Seite der Gleichung (e) nur Null sein, wenn die beiden Klammerausdrücke jeder für sich Null sind. Wir haben damit zwei Bestimmungsgleichungen für m und n:

$$\frac{m}{2} - 1 = 0 \quad \text{und} \quad \frac{n}{2} - 1 = 0\,.$$

Daraus folgt

$$m = 2 \quad \text{und} \quad n = 2\,.$$

$\boldsymbol{f}$ ist also nach (a) die Hälfte von $(\boldsymbol{A} + \boldsymbol{B})$ und $\boldsymbol{g}$ ist nach (b) die Hälfte von $(\boldsymbol{A} - \boldsymbol{B})$, was zu beweisen war.

Das Raumgitter. Der Vektor $\boldsymbol{r} = s\,\boldsymbol{a}$ sei ein Ortsvektor; $\boldsymbol{a}$ ist ein konstanter Vektor von der Dimension einer Länge, s dagegen ist eine Zahl, die verschiedene Werte annehmen kann. Die auf diese Weise entstehenden Ortsvektoren $\boldsymbol{r}$ bestimmen verschiedene Punkte einer Geraden, welche die Richtung von $\boldsymbol{a}$ hat. Setzt man fest, daß s alle ganzen Werte annehmen kann, dann haben diese Punkte den gegenseitigen Abstand a. Gelten für s nicht nur positive ganze Werte, sondern auch Null und negative, so bilden die durch $\boldsymbol{r}$ gekennzeichneten Punkte ein *lineares Gitter*, das sich auf der Geraden beiderseits ins Unendliche erstreckt (Abb. 19a).

Nimmt man zwei nicht parallele, konstante Vektoren $\boldsymbol{a}$ und $\boldsymbol{b}$ und legt man mit Hilfe von zwei, aller möglichen Werte fähigen Zahlen s_1 und s_2 Ortsvektoren

$$\boldsymbol{r} = s_1\,\boldsymbol{a} + s_2\,\boldsymbol{b}$$

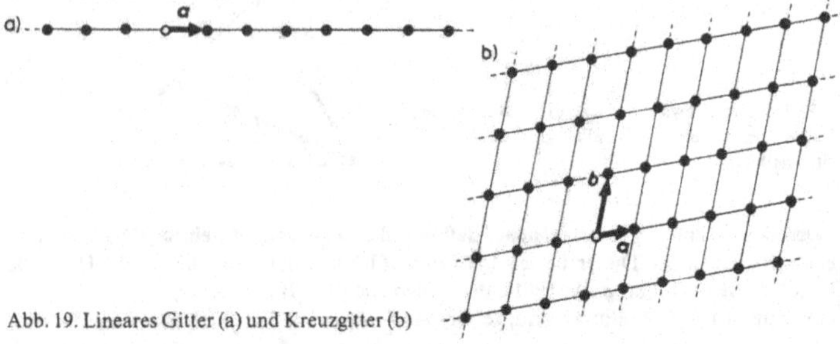

Abb. 19. Lineares Gitter (a) und Kreuzgitter (b)

fest, so liegen alle durch die verschiedenen $\boldsymbol{r}$ gegebenen Punkte auf einer durch den Ursprung gehenden, von $\boldsymbol{a}$ und $\boldsymbol{b}$ aufgespannten Ebene. Sind s_1 und s_2 nur ganzzahlig (auch Null), so bilden die dadurch festgelegten Punkte ein *ebenes Gitter*, auch *Kreuzgitter* genannt (Abb. 19b).

Durch drei nicht komplanare (also auch nicht zueinander parallele) konstante Vektoren $\boldsymbol{a}$, $\boldsymbol{b}$ und $\boldsymbol{c}$ und durch drei variable Zahlen s_1, s_2 und s_3 können gemäß

$$\boldsymbol{r} = s_1\,\boldsymbol{a} + s_2\,\boldsymbol{b} + s_3\,\boldsymbol{c}$$

alle Punkte des Raumes beschrieben werden. Jedem Raumpunkt entspricht dabei ein und nur ein Wertetripel s_1, s_2, s_3.

Haben die Zahlen s_1, s_2, s_3 alle möglichen ganzen Werte (mit Einschluß der Null), so ist durch die $\boldsymbol{r}$ ein *Raumgitter* (Abb. 20) definiert, ein für die Kristallographie grundlegender Begriff.

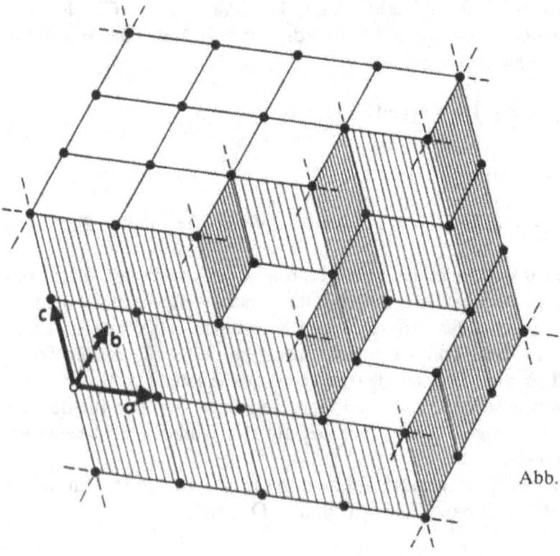

Abb. 20. Raumgitter

Das so erhaltene Gitter ist ein Beispiel für ein einfaches *triklines Translationsgitter*. Es kann durch fortgesetzte Verschiebungen eines Gitterpunktes um die *Achsenvektoren* ***a***, ***b***, ***c*** entstanden gedacht werden. In der Kristallographie nimmt man an, daß sich in jedem Gitterpunkt der Schwerpunkt eines Gitterbausteines (Atom, Ion usw.) befinde.

Man sieht aus Abb. 20, daß sich durch je drei Gitterpunkte, die nicht in einer Geraden liegen, immer eine Ebene legen läßt, in der sich die durch die drei Gitterpunkte festgelegte Figur regelmäßig wiederholt, so daß in dieser Ebene ein ebenes Punktgitter entsteht. Eine derartige Ebene nennt man eine *Netzebene* des Raumgitters. Die Abbildung zeigt, daß in dem ins Unendliche fortgesetzten Raumgitter sich zu jeder Netzebene eine Schar paralleler Netzebenen, die alle dasselbe ebene Gitter tragen, finden läßt. Die für die Kristallographie wichtige Berechnung des Abstandes zweier paralleler Netzebenen aus den Achsenvektoren wird uns später beschäftigen (S. 92).

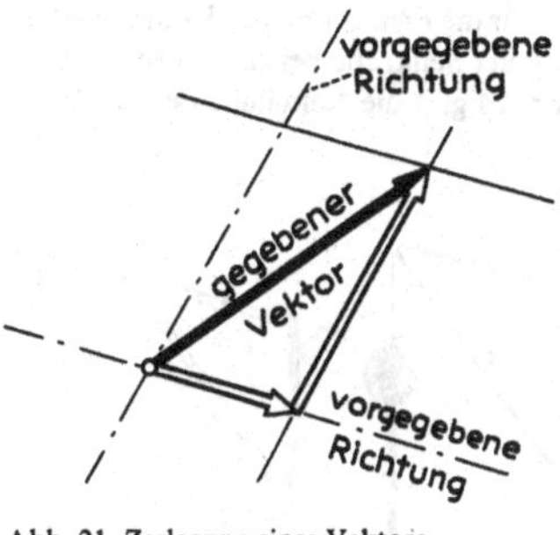

Abb. 21. Zerlegung eines Vektors in zwei Komponenten

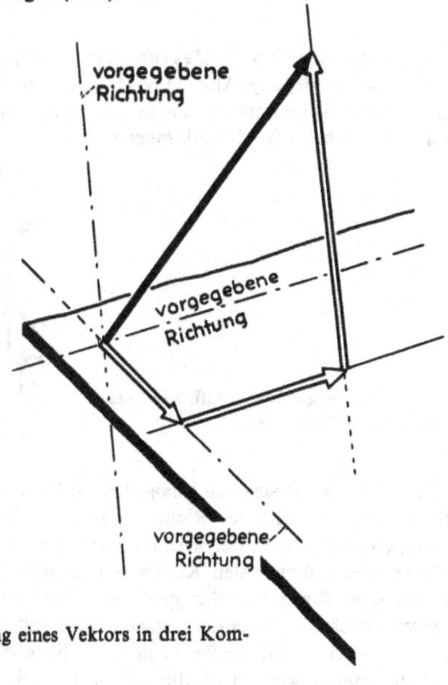

Abb. 22. Zerlegung eines Vektors in drei Komponenten

1.6 Die Zerlegung eines Vektors in Komponenten

Definition der Vektorzerlegung. Unter Komponenten eines Vektors versteht man ganz allgemein die Summanden, aus denen sich der Vektor als Vektorsumme darstellen läßt. Sehr oft jedoch sind nur solche Summanden gemeint, die von einander linear unabhängig sind. Eine Zerlegung eines Vektors in lediglich kollineare Komponenten oder in mehr als zwei komplanare Komponenten oder im allgemeinsten Fall in mehr als drei Komponenten widerspricht dann der Forderung nach ihrer linearen Unabhängigkeit.

Die Aufgabe der Zerlegung eines Vektors in Komponenten stellt sich stets so, daß die Richtungen der drei (oder weniger) Komponenten vorgegeben sind. Sie läuft auf eine Art Umkehrung der Vektoraddition hinaus (Abb. 21 und Abb. 22).

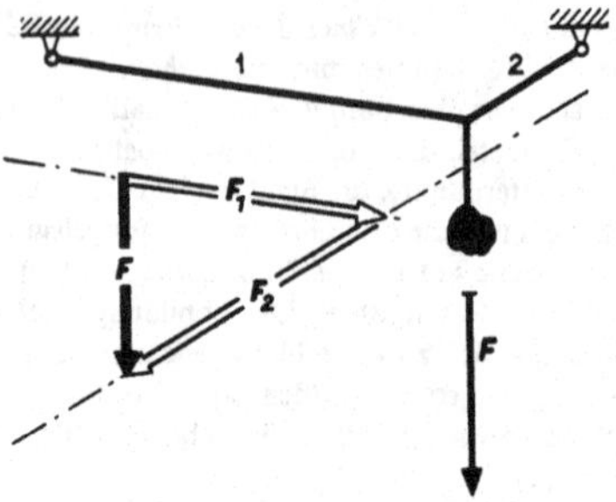

Abb. 23. Ermittlung von Seilkräften

Beispiele aus der Physik. Das bekannteste Beispiel für die Ermittlung von Komponenten ist die Kräftezerlegung. Abb. 23 zeigt die Ermittlung der Seilkräfte bei einem (gewichtslos gedachten) Seil, an dem irgendeine Last hängt. Abb. 24 gibt die Aufteilung der Lastkraft auf zwei Streben eines Wandkranes wieder.

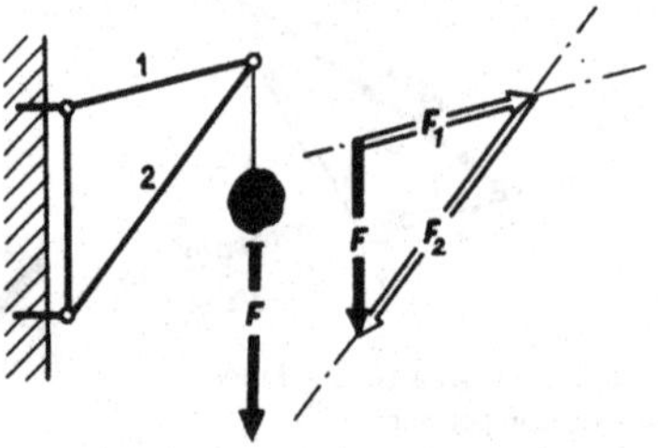

Abb. 24. Ermittlung von Kräften in zwei Streben eines Wandkranes

Zerlegung in orthogonale Komponenten. Noch öfter als die Zerlegung eines Vektors in Komponenten beliebiger Richtung, kommt die Zerlegung in zueinander *orthogonale* Komponenten vor. Leider wird im Sprachgebrauch nicht zwischen allgemeinen Komponenten und orthogonalen Komponenten unterschieden, so daß man im Einzelfall oft überlegen muß, was eigentlich gemeint ist. Wir werden zunächst von orthogonalen Komponenten sprechen, wenn solche gemeint sind, werden aber später zu der üblichen Ausdrucksweise übergehen und die Bezeichnung orthogonal weglassen.

Wenn man – wie z. B. in Abb. 25 – einen Vektor A in zwei orthogonale Komponenten zerlegt, dann sind die Beträge der beiden Komponenten die Projektionen von A auf die beiden senkrechten, durch die Vektoren $\boldsymbol{p}$ und $\boldsymbol{q}$ gegebenen Geraden. Bezeichnen wir die beiden orthogonalen Komponenten mit A_p und A_q, dann gilt für ihre Beträge

$$|A_p| = |A| \cos\alpha \quad \text{und} \quad |A_q| = |A| \cos\beta = |A| \sin\alpha .$$

Die Beträge orthogonaler Komponenten nennen wir *Projektionen.*

Haben wir es mit einer Zerlegung in drei orthogonale Komponenten zu tun (Abb. 26), so gilt für die Projektionen

$$\begin{aligned} |A_p| &= |A| \cos\alpha, \\ |A_q| &= |A| \cos\beta, \\ |A_r| &= |A| \cos\gamma. \end{aligned}$$

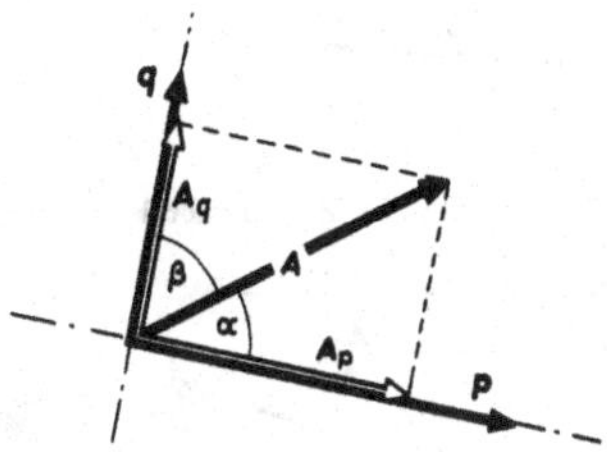

Abb. 25. Vektorzerlegung in zwei orthogonale Komponenten

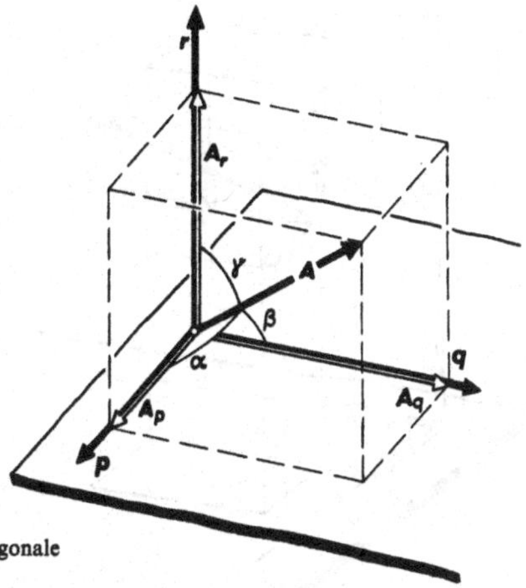

Abb. 26. Vektorzerlegung in drei orthogonale Komponenten

Die Winkel α, β und γ sind nicht unabhängig voneinander. Denn wenn wir die drei Gleichungen quadrieren und dann addieren, so folgt

$$|A_p|^2 + |A_q|^2 + |A_r|^2 = |A|^2 (\cos^2\alpha + \cos^2\beta + \cos^2\gamma).$$

Da A die Diagonale in dem aus den Vektoren A_p, A_q und A_r gebildeten Quader ist, ist die zweite Potenz seines Betrages $|A|$ aufgrund des pythagoreischen Lehrsatzes

$$|A|^2 = |A_p|^2 + |A_q|^2 + |A_r|^2;$$

somit ist

$$|A|^2 = |A|^2 (\cos^2\alpha + \cos^2\beta + \cos^2\gamma),$$

was nach Division durch $|A|^2$ den sogenannten

■ pythagoreischen Lehrsatz der Trigonometrie

$$\cos^2\alpha + \cos^2\beta + \cos^2\gamma = 1 \qquad [9]$$

ergibt.

1.7 Das kartesische Koordinatensystem

Die Kennzeichnung des kartesischen Systems durch seine Koordinatenvektoren. Nach Gleichung [8] kann jeder Vektor V in umkehrbar eindeutiger Weise durch

$$V = \lambda p + \mu q + \nu r$$

dargestellt werden, wenn p, q und r linear unabhängig voneinander sind. Wir wählen nun statt p, q, r drei aufeinander senkrechte Einsvektoren, die sogenannten *Koordinatenvektoren* i, j, k. Es ist also festgelegt

$$|i| = |j| = |k| = 1.$$

In der Reihenfolge $i \to j \to k$ sollen die Koordinatenvektoren ein Rechtssystem bilden, d.h. wenn man in Richtung von i blickt, soll j in k durch eine *Rechts*drehung um 90° überführbar sein.

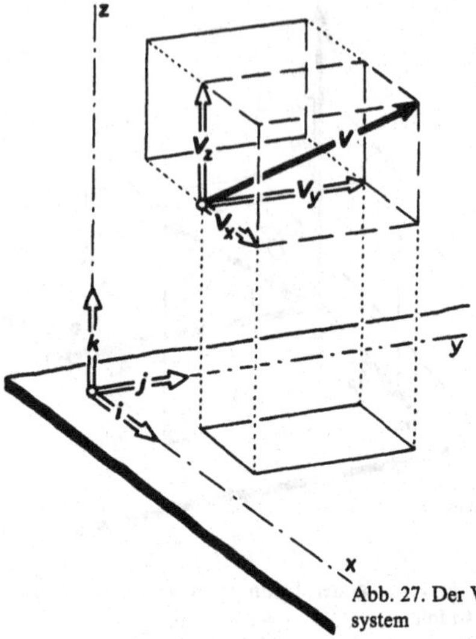

Abb. 28. Zu Aufgabe 1

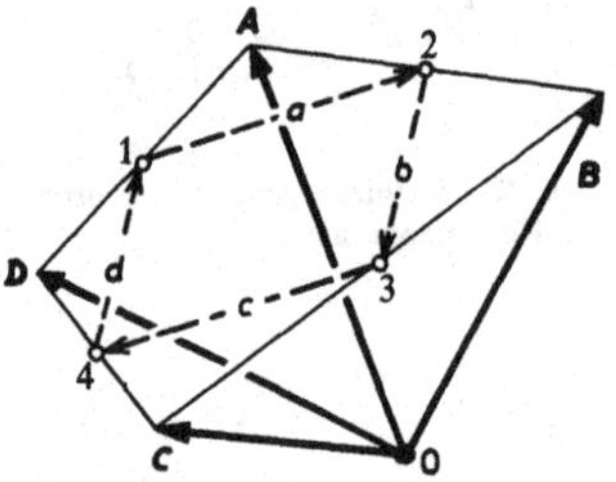

Abb. 29. Zu Aufgabe 4

Abb. 27. Der Vektor *V* in einem kartesischen Koordinatensystem

Die drei Grundvektoren ***i***, ***j***, ***k*** definieren die x-, y- und z-Achse eines räumlichen kartesischen Rechtskoordinatensystems. Wir bezeichnen die kartesischen Komponenten eines Vektors $\boldsymbol{V}$ in diesen Richtungen mit $\boldsymbol{V}_x$, $\boldsymbol{V}_y$, $\boldsymbol{V}_z$ (Abb. 27). Die entsprechenden Projektionen seien V_x, V_y, V_z; wir nennen sie im folgenden *skalare kartesische Komponenten*.

Damit ist der

■ Vektor $\boldsymbol{V}$, dargestellt in kartesischen Komponenten:

$$\boldsymbol{V} = V_x \boldsymbol{i} + V_y \boldsymbol{j} + V_z \boldsymbol{k}. \qquad [10]$$

Aus Abschnitt 1.6 dieses Paragraphen folgt, daß

$$V_x = |\boldsymbol{V}| \cos\alpha; \; V_y = |\boldsymbol{V}| \cos\beta; \; V_z = |\boldsymbol{V}| \cos\gamma, \qquad [10a]$$

wenn α, β, γ die Winkel des Vektors mit den Koordinatenachsen sind. Man bezeichnet $\cos\alpha$, $\cos\beta$, $\cos\gamma$ als *Richtungskosinusse* des Vektors $\boldsymbol{V}$. Es gilt nach [10a]:

■
$$\begin{aligned} \cos\alpha &= V_x/|\boldsymbol{V}| \\ \cos\beta &= V_x/|\boldsymbol{V}| \quad \text{(Richtkosinusse des Vektors } \boldsymbol{V}) \\ \cos\gamma &= V_x/|\boldsymbol{V}| \end{aligned} \qquad [11]$$

Durch Quadrieren und Addieren der Gleichungen [10a] erhält man den

■ Betrag des Vektors $\boldsymbol{V}$:

$$|\boldsymbol{V}| = \sqrt{V_x^2 + V_y^2 + V_z^2} \qquad [12]$$

Ortsvektoren. Punkte in einem kartesischen Koordinatensystem können durch Vektoren dargestellt werden, die vom Koordinatenursprung zu dem jeweiligen Punkt verlaufen. Man nennt solche Vektoren *Ortsvektoren*. Sie haben nur im Zusammenhang mit dem verwendeten Koordinatensystem einen Sinn, denn sie hängen von der willkürlichen Wahl des Koordinatenursprungs ab.

Vektorgleichungen in kartesischen Koordinaten. Wenn zwei Vektoren einander gleich sind, sind auch ihre kartesischen Komponenten einander gleich. Eine Vektorgleichung ist also äquivalent drei Gleichungen, die sich auf die Komponenten beziehen. Z. B. ist die Vektorgleichung

$$\boldsymbol{D} = \boldsymbol{A} + \boldsymbol{B} + \boldsymbol{C}$$

äquivalent den drei skalaren Gleichungen

$$D_x = A_x + B_x + C_x,$$
$$D_y = A_y + B_y + C_y,$$
$$D_z = A_z + B_z + B_z.$$

Ebenso ist die Vektorgleichung

$$\boldsymbol{V} = l\,\boldsymbol{D} + m\,\boldsymbol{E} + n\,\boldsymbol{F}$$

äquivalent den drei skalaren Gleichungen

$$V_x = l D_x + m E_x + n F_x,$$
$$V_y = l D_y + m E_y + n F_y,$$
$$V_z = l D_z + m E_z + n F_z.$$

Die Formulierung physikalischer Gesetzmäßigkeiten in kartesischen Koordinaten. Die Gleichgewichtsbedingung für ein aus mehreren Kräften $\boldsymbol{F}_i$ bestehendes Kraftsystem wurde Seite 5 gegeben durch

$$\sum \boldsymbol{F}_i = 0.$$

Bezeichnen wir die skalaren Komponenten der einzelnen Kräfte in der x-, y-, z-Richtung mit X_i, Y_i, Z_i, so folgt

$$\sum X_i = 0, \quad \sum Y_i = 0, \quad \sum Z_i = 0$$

als Gleichgewichtsbedingung für die Komponenten. Diese müssen sich also in den einzelnen Richtungen gegenseitig das Gleichgewicht halten.

Das Grundgesetz der Dynamik wurde auf Seite 7 vektoriell formuliert als

$$\boldsymbol{F} = m\,\boldsymbol{a}.$$

Bezeichnen X, Y, Z wiederum die skalaren Komponenten der Kraft, und a_x, a_y, a_z die der Beschleunigung, so lauten die Bewegungsgleichungen in kartesischen Koordinaten

$$X = m a_x, \quad Y = m a_y, \quad Z = m a_z.$$

1.8 Übungsaufgaben

1. Man zeige am Beispiel der beiden in Abb. 28 angegebenen Vektoren $\boldsymbol{A}$ und $\boldsymbol{B}$, daß die Vektorsumme (hier also $\boldsymbol{A} + \boldsymbol{B}$) kleiner sein kann als die Vektordifferenz (hier z. B. $\boldsymbol{A} - \boldsymbol{B}$).
2. Zu zwei Punkten P und Q in einem Koordinatensystem führen vom Ursprung aus die Ortsvektoren $\boldsymbol{A}$ und $\boldsymbol{B}$. Man schreibe die Vektorausdrücke für den Verbindungsvektor von P nach Q und von Q nach P an.
3. Zwei Punkte P und Q in einem Koordinatensystem sind durch die Ortsvektoren $\boldsymbol{A}$ und $\boldsymbol{B}$ gekennzeichnet. Der Vektorausdruck für den Ortsvektor des Mittelpunktes M zwischen P und Q ist anzuschreiben.
4. Durch Vektorrechnung ist unter Benutzung der Abb. 29 zu beweisen: „Die Mittelpunkte der Seiten eines beliebigen Viereckes sind Eckpunkte eines Parallelogramms."

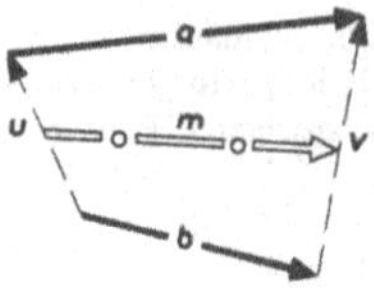

Abb. 30. Zu Aufgabe 5

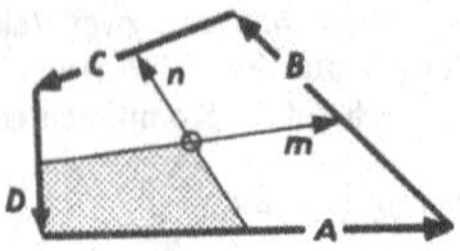

Abb. 31. Zu Aufgabe 6

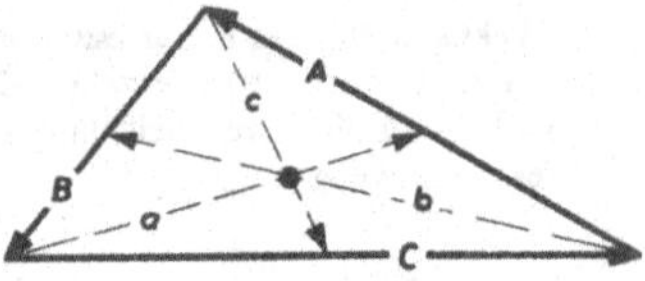

Abb. 32. Zu Aufgabe 7

5. Durch Vektorrechnung ist unter Benutzung von Abb. 30 folgender Satz zu beweisen: „Verbindet man die Anfänge und die Spitzen zweier Vektorpfeile, so ist der durch die Mittelpunkte der Verbindungslinien gekennzeichnete Vektor unabhängig von jeder Parallelverschiebung der beiden Vektorpfeile". (Seine Lage im Raum kann sich selbstverständlich ändern, nicht aber Betrag und Richtung!).
6. Durch Vektorrechnung ist unter Benutzung von Abb. 31 folgender Satz zu beweisen: „Die Verbindungsstrecken der Mittelpunkte je zweier Gegenseiten eines windschiefen (also nicht in einer Ebene liegenden) Viereckes schneiden und halbieren einander."
7. Durch Vektorrechnung ist unter Benutzung von Abb. 32 folgender Satz zu beweisen: „Die Schwerlinien eines Dreieckes lassen sich unter Beibehaltung ihrer Richtung zu einem Dreieck zusammensetzen."
8. Durch Vektorrechnung ist folgender Satz zu beweisen: „Jede Schwerlinie eines Dreiecks teilt die beiden anderen im Verhältnis 2:1."
9. Von einem Punkt O (Abb. 33) gehen drei komplanare Vektoren $\boldsymbol{A}$, $\boldsymbol{B}$ und $\boldsymbol{C}$ aus. Es gelte

$$a\boldsymbol{A} + b\boldsymbol{B} + c\boldsymbol{C} = 0\,.$$

Welcher Zusammenhang besteht zwischen den Koeffizienten a, b und c, wenn die Endpunkte von $\boldsymbol{A}$, $\boldsymbol{B}$ und $\boldsymbol{C}$ auf einer Geraden liegen?

Abb. 33. Zu Aufgabe 9

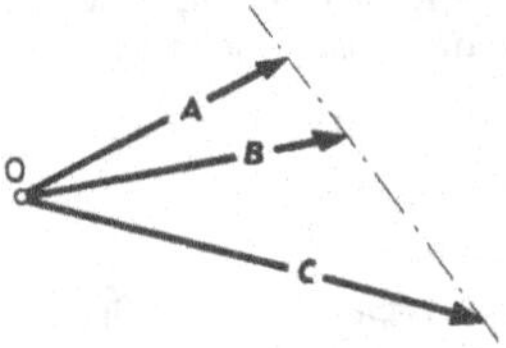

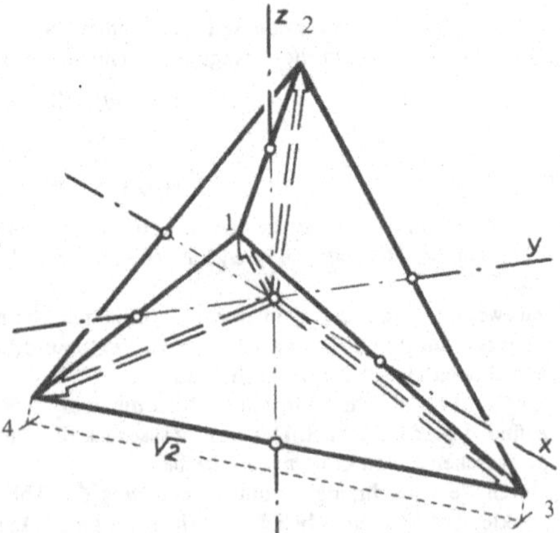

Abb. 34. Zu Aufgabe 12

10. Ein Ortsvektor im ersten Oktanten eines kartesischen Koordinatensystems bilde mit den Koordinatenachsen gleiche Winkel. Wie groß sind diese?
11. Ein Vektor wird dargestellt durch die Gleichung

$$\boldsymbol{A} = 6\,\boldsymbol{i} - 2\,\boldsymbol{j} + 3\,\boldsymbol{k}.$$

Man ermittle die skalaren Komponenten seines Einsvektors und seine Winkel mit den positiven Richtungen der Koordinatenachsen.
12. Ein regelmäßiges Tetraeder mit der Kantenlänge $\sqrt{2}$ ist – wie in der Kristallographie üblich – so in ein kartesisches Koordinatensystem eingebettet, daß die Verbindungslinien der Mitten der Gegenkanten in die Koordinatenachsen zu liegen kommen. Welche Ortsvektoren führen zu den Ecken? (Abb. 34).

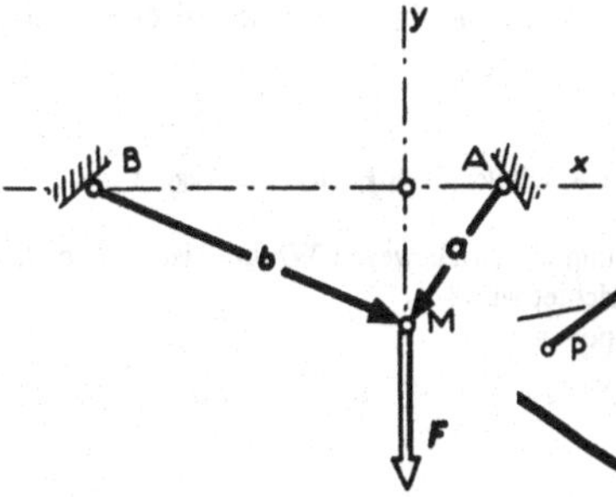

Abb. 35. Zu Aufgabe 13

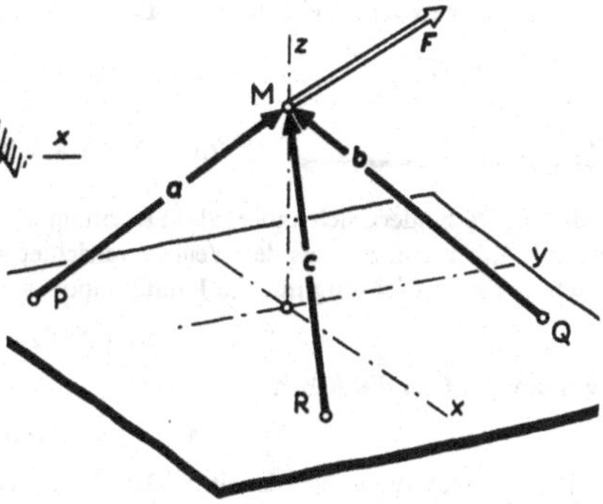

Abb. 36. Zu Aufgabe 14

13. Die Seilkräfte in den beiden Seilen (*a* und *b*) der Abb. 35 sind rein rechnerisch zu ermitteln:
Zahlenangaben: $\boldsymbol{F} = -5{,}6\,\boldsymbol{j}$ kp

Die Koordinaten der Punkte sind: M...0; −20 cm
A ... 15 cm; 0
B ... −48 cm; 0

14. Drei Stäbe *a*, *b* und *c* (Abb. 36) sind in den Punkten P, Q und R im Erdboden (drehbar) verankert und im Punkte M (drehbar) miteinander verbunden, so daß sie ein Bockgerüst bilden. In M greift eine Kraft $\boldsymbol{F}$ an. Wie verteilt sich $\boldsymbol{F}$ auf die drei Stäbe, welche Stäbe sind auf Druck, welche auf Zug beansprucht?
Zahlenangaben: $\boldsymbol{F} = (1{,}2\,\boldsymbol{j} + 0{,}5\,\boldsymbol{k})$ Mp;

Die Koordinaten der Punkte sind: M ... 0; 0; 2 m
P ... −1 m; −2 m; 0
Q ... 1 m; 2 m; 0
R ... 2 m; −1 m; 0

§ 2. Produkte zweier Vektoren

2.1 Das skalare Produkt

Definitionsmöglichkeiten von Produkten von Vektoren. Während es nur *eine* Art der Addition bzw. Subtraktion von Vektoren und der Multiplikation eines Vektors mit einem Skalar gibt, läßt sich die Multiplikation zweier Vektoren auf drei verschiedene Arten definieren. Die eine Art ergibt einen Skalar, die zweite einen Tensor (genauer: einen singulären Tensor zweiter Stufe), die dritte einen Vektor. Wir behandeln zunächst jenes Produkt, das ein Skalar ist, und das deshalb *skalares Produkt* genannt wird. Andere Bezeichnungen sind *inneres Produkt* oder – vor allem im Englischen – *Punktprodukt.*

Ein Beispiel aus der Physik. Eine konstante Kraft $\boldsymbol{F}$ wirke auf einen Punkt P, der sich um die Strecke $\boldsymbol{s}$ verschiebt (Abb. 37). Der Punkt sei irgendwie, beispielsweise durch eine

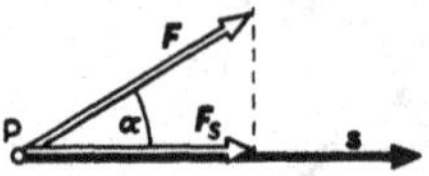

Abb. 37. Zur Arbeit der Kraft $\boldsymbol{F}$ längs des Weges $\boldsymbol{s}$

Führung, verhindert, sich anders als in Richtung von $\boldsymbol{s}$ zu bewegen. Wie groß ist die Arbeit, die mit Hilfen von $\boldsymbol{F}$ längs des Weges $\boldsymbol{s}$ verrichtet wird?

Da in dieser Richtung nur die Kraftkomponente

$$F_s = F \cos \alpha$$

wirksam wird, ist die Arbeit

$$A = F_s s = F s \cos \alpha .$$

Das Resultat, die Arbeit, ist ein Skalar. Er ist proportional dem Betrag F der Kraft $\boldsymbol{F}$ und dem Betrag s des Wegvektors $\boldsymbol{s}$, wobei als Proportionalitätsfaktor der Kosinus des Winkels zwischen Kraftrichtung und Wegrichtung in Erscheinung tritt. Wenn z. B. die Kraft auf dem Weg senkrecht steht, ist die Arbeit gleich Null. Ist der Winkel α stumpf, so wird die Arbeit negativ, d. h. die Energie in Form von Arbeit wird dem durch P symbolisierten System nicht zugeführt, sondern entzogen*). Vertauschen $\boldsymbol{F}$ und $\boldsymbol{s}$ beide ihre Richtung, dann bleibt die Arbeit unverändert.

Die Definition des skalaren Produktes. Man schreibt statt des Ausdrucks $F s \cos \alpha$ in vektorieller Schreibweise

$$A = \boldsymbol{F} \cdot \boldsymbol{s} .$$

Die mit Hilfe eines Punktes ausgedrückte Multiplikation der beiden Vektoren $\boldsymbol{F}$ und $\boldsymbol{s}$ führt demnach zu einem Skalar. Nach diesem Vorbild kommt man zur

■ Definitionsgleichung für das skalare Produkt

$$\boldsymbol{A} \cdot \boldsymbol{B} = A B \cos \vartheta, \qquad [13]$$

worin A und B die Beträge von $\boldsymbol{A}$ und $\boldsymbol{B}$ sind, und ϑ der von den *positiven* Richtungen von $\boldsymbol{A}$ und $\boldsymbol{B}$ eingeschlossene Winkel (Abb. 38).

Man kann das skalare Produkt auch als Produkt der Projektion des einen Vektors auf den anderen mit dem Betrag des anderen auffassen:

$$\boldsymbol{A} \cdot \boldsymbol{B} = A (B \cos \vartheta) = A B_A$$

*) In der physikalischen Chemie ist die Arbeit oft mit entgegengesetztem Vorzeichen definiert.

oder

$$A \cdot \boldsymbol{B} = AB\cos\vartheta = B(A\cos\vartheta) = BA_B = A_B B\,.$$

Aus der Definitionsgleichung [13] für das skalare Produkt folgt für den Kosinus des Winkels, den die *positiven* Richtungen zweier Vektoren miteinander bilden.

$$\cos\vartheta = \boldsymbol{A}\cdot\boldsymbol{B}/AB\,.$$

An dem Vorzeichen des skalaren Produktes kann man übrigens erkennen, ob der Winkel zwischen den beiden Vektoren spitz oder stumpf ist. Denn für spitze Winkel ϑ ist $\cos\vartheta > 0$, für stumpfe gilt $\cos\vartheta < 0$. Damit ist aber auch das Vorzeichen des skalaren Produktes festgelegt, denn die Beträge der Vektoren sind definitionsgemäß immer positiv.

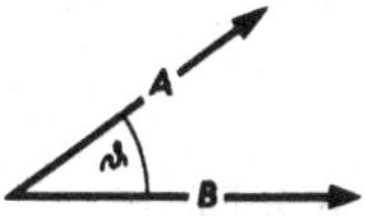

Abb. 38. Zur Definition des skalaren Produktes

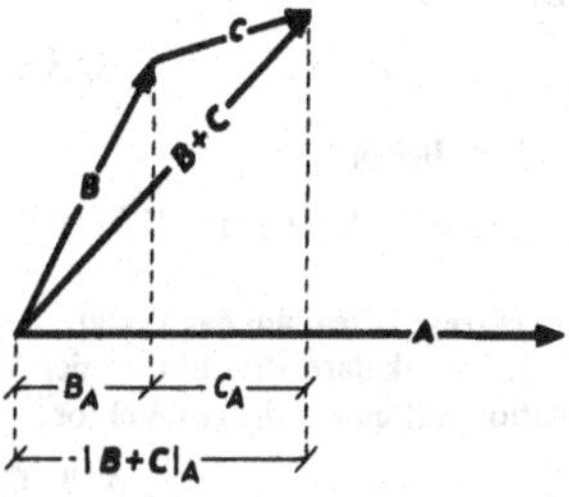

Abb. 39. Zur Distributivität des skalaren Produktes

Eigenschaften des skalaren Produktes.

1. Das skalare Produkt zweier Vektoren ist *kommutativ*, denn es gilt

$$\boldsymbol{A}\cdot\boldsymbol{B} = AB\cos\vartheta = BA\cos\vartheta\,.$$

Letzterer Ausdruck aber kann als $\boldsymbol{B}\cdot\boldsymbol{A}$ angesehen werden. Selbst wenn man dem Winkel ϑ einen vorgeschriebenen Drehsinn geben wollte (z. B. positiv bei Drehung von $\boldsymbol{A}$ nach $\boldsymbol{B}$), so würde auch dies an der Vertauschbarkeit der Faktoren des skalaren Produktes nichts ändern, denn es ist ja $\cos(-\vartheta) = \cos\vartheta$. Also gilt immer

$$\boldsymbol{A}\cdot\boldsymbol{B} = \boldsymbol{B}\cdot\boldsymbol{A}\,.$$

2. Das skalare Produkt zweier Vektoren ist *assoziativ gegenüber der Multiplikation mit einem Skalar*. Der Beweis für diese Aussage läßt sich leicht aus der Definitionsgleichung [13] herleiten; wir verzichten darauf. Es gilt jedenfalls

$$s(\boldsymbol{A}\cdot\boldsymbol{B}) = (s\boldsymbol{A})\cdot\boldsymbol{B} = \boldsymbol{A}\cdot(s\boldsymbol{B})\,.$$

Man beachte die Stellung des Multiplikationspunktes. Er steht immer zwischen zwei Vektoren, auch wenn einer von ihnen ein Klammerausdruck ist, z. B. $(s\boldsymbol{A})$.

3. Das skalare Produkt zweier Vektoren ist *distributiv gegenüber einer Vektorsumme*, was man leicht aufgrund der Abb. 39 einsieht. Es ist

$$\boldsymbol{A}\cdot(\boldsymbol{B}+\boldsymbol{C}) = A\,|\boldsymbol{B}+\boldsymbol{C}|_A\,.$$

Weil aber die Projektion

$$|\boldsymbol{B}+\boldsymbol{C}|_A = B_A + C_A$$

ist, folgt

$$A\,|\boldsymbol{B}+\boldsymbol{C}|_A = A(B_A + C_A) = AB_A + AC_A = \boldsymbol{A}\cdot\boldsymbol{B} + \boldsymbol{A}\cdot\boldsymbol{C}\,;$$

also ist

$$A \cdot (B + C) = A \cdot B + A \cdot C\,.$$

Dieses distributive Gesetz ist nicht auf zwei Summanden in der Klammer beschränkt, es läßt sich auf beliebig viel Vektoren erweitern:

$$A \cdot (\sum V_i) = \sum (A \cdot V_i)$$

Aber auch der Vektor A kann selbst wieder eine Summe von beliebig viel vektoriellen Summanden sein, beispielsweise

$$A = \sum_k U_k\,.$$

Dann gilt

$$(\sum_k U_k) \cdot (\sum_i V_i) = \sum_k \sum_i (U_k \cdot V_i)\,.$$

Zum Beispiel:

$$(A + B + C) \cdot (D + E) = A \cdot D + A \cdot E + B \cdot D + B \cdot E + C \cdot D + C \cdot E\,.$$

Eigenschaften, die das skalare Produkt nicht hat, sind ebenfalls wichtig zu wissen:

1. Das skalare Produkt zweier Vektoren ist nicht assoziativ gegenüber der Multiplikation mit einem dritten Vektor:

$$A\,(B \cdot C) \neq B\,(C \cdot A) \neq C\,(A \cdot B)\,.$$

Die Verschiedenheit dieser drei Produkte, die wegen der Kommutativität auch noch mit anderen Reihenfolgen der Faktoren geschrieben werden können, bringt man rein äußerlich durch die Stellung des Multiplikationspunktes zum Ausdruck. Daß diese drei Produkte im allgemeinen verschieden sind, erkennt man sofort, wenn man sich klar geworden ist, daß jedes als ein Produkt eines Vektors mit einem Skalar – nämlich mit dem skalaren Produkt der anderen beiden Vektoren – ein Vektor ist. Dabei hat

$A\,(B \cdot C)$ die Richtung von A,
$B\,(C \cdot A)$ die Richtung von B,
$C\,(A \cdot B)$ die Richtung von A.

Im allgemeinen haben die durch die Produkte dargestellten Vektoren aber unterschiedliche Richtung, sie sind infolgedessen verschieden.

2. Eine Umkehroperation für das skalare Produkt ist nicht definiert. Mit anderen Worten, eine Gleichung von der Form

$$P = A \cdot B$$

läßt sich weder nach A noch nach B auflösen. Dennoch ist eine, wenn auch nicht erschöpfende, Aussage über den unbekannten Vektor – nehmen wir an, es sei B – möglich. Denn wegen

$$P = A B_A$$

ist

$$B_A = P/A\,.$$

Es läßt sich also über den unbekannten Vektor B sagen, daß seine Projektion auf A den Wert P/A haben muß. Die zu A senkrechte Komponente von B – in Abb. 40 mit X bezeichnet – bleibt unbestimmt. Sind A und B Ortsvektoren, dann liegen die Spitzen aller möglichen B auf einer – in Abb. 40 eingezeichneten – senkrechten Ebene zu A.

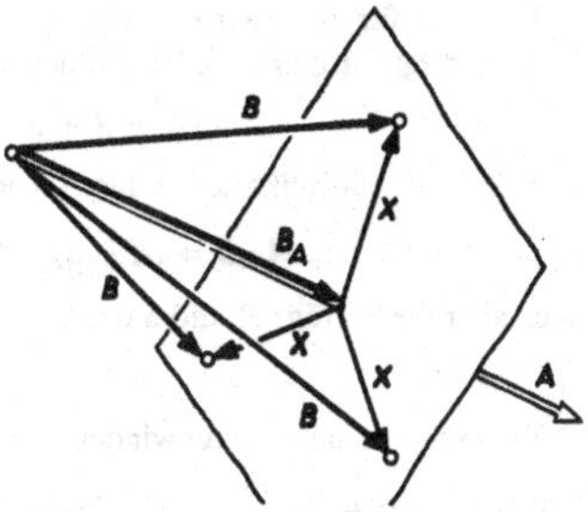

Abb. 40. Zur Aussage über einen unbekannten Faktor in einem skalaren Produkt

Sonderfälle von skalaren Produkten liegen vor, wenn die beiden Vektoren kollinear (parallel bzw. antiparallel) sind, oder wenn sie zueinander orthogonal sind.

Ist in dem skalaren Produkt $P = \boldsymbol{A} \cdot \boldsymbol{B}$ der Vektor $\boldsymbol{A}$ parallel zum Vektor $\boldsymbol{B}$, so ist der von ihren positiven Richtungen gebildete Winkel gleich Null, und es gilt

$$P = AB\cos 0 = AB\,.$$

Noch spezieller ist der Fall, wenn $\boldsymbol{B} = \boldsymbol{A}$ ist. Dann wird das skalare Produkt

$$P = \boldsymbol{A} \cdot \boldsymbol{A} = AA\cos 0 = A^2\,.$$

Dafür ist auch die Schreibweise $\boldsymbol{A}^2$ üblich:

$$\boldsymbol{A}^2 = A^2\,.$$

Bei Antiparallelität, wenn also $\boldsymbol{B}$ genau entgegengesetzt zu $\boldsymbol{A}$ orientiert ist, beträgt der eingeschlossene Winkel 180°, und damit ist

$$P = AB\cos 180° = -AB\,.$$

Stehen $\boldsymbol{A}$ und $\boldsymbol{B}$ senkrecht aufeinander, so ist $\vartheta = 90°$, also $\cos 90° = 0$, und es folgt

$$P = AB\cos 90° = 0\,.$$

Aus der Tatsache, daß ein skalares Produkt den Wert Null hat, folgt demnach nicht, daß mindestens einer der beiden Faktoren Null sein muß, vielmehr kann auch der Fall vorliegen, daß die beiden „Faktoren" zueinander orthogonal sind.

Zwei Beispiele zu den Sonderfällen des skalaren Produktes.

1. Unter welchen Bedingungen ist $\boldsymbol{A} \cdot \boldsymbol{B} = \boldsymbol{A} \cdot \boldsymbol{C}$?

Es wäre vorschnell zu sagen, *nur* wenn $\boldsymbol{B} = \boldsymbol{C}$ ist. Aus der gegebenen Gleichung folgt vielmehr

$$\mathbf{A} \cdot \mathbf{B} - \mathbf{A} \cdot \mathbf{C} = 0\,,$$

oder wegen der Distributivität des skalaren Produktes

$$\mathbf{A} \cdot (\mathbf{B} - \mathbf{C}) = 0\,.$$

Das Verschwinden dieses skalaren Produktes kann aber mehrere Ursachen haben:

a) $\boldsymbol{A} = 0$,

b) $\boldsymbol{B} - \boldsymbol{C} = 0$, also $\boldsymbol{B} = \boldsymbol{C}$,

c) $\boldsymbol{A}$ senkrecht zu $(\boldsymbol{B} - \boldsymbol{C})$, bzw. abgekürzt $\boldsymbol{A} \perp (\boldsymbol{B} - \boldsymbol{C})$.

Handelt es sich bei $\boldsymbol{B}$ und $\boldsymbol{C}$ um Ortsvektoren, also um Vektoren, die nicht frei im Raume verschiebbar sind, dann besagt die Möglichkeit c), daß die Spitzen von $\boldsymbol{B}$ und $\boldsymbol{C}$ in einer zu $\boldsymbol{A}$ senkrechten Ebene liegen müssen. Denn $\boldsymbol{B} - \boldsymbol{C}$ ist ja der Verbindungsvektor der Spitzen.

2. Beweis für den Satz des Thales: „Jeder Winkel im Halbkreis ist ein Rechter." Aus Abb. 41 folgt für den beliebig auf den Halbkreis angenommenen Punkt P:

$$\boldsymbol{A} = \boldsymbol{R} + \boldsymbol{S} \quad \text{und} \quad \boldsymbol{B} = \boldsymbol{R} - \boldsymbol{S}.$$

Die skalare Multiplikation beider Gleichungen ergibt

$$\boldsymbol{A} \cdot \boldsymbol{B} = (\boldsymbol{R} + \boldsymbol{S}) \cdot (\boldsymbol{R} - \boldsymbol{S}) = \boldsymbol{R}^2 - \boldsymbol{S}^2 = R^2 - S^2.$$

Weil aber die Beträge R und S der Vektoren $\boldsymbol{R}$ und $\boldsymbol{S}$ gleich sind, wird $R^2 - S^2 = 0$, also

$$\boldsymbol{A} \cdot \boldsymbol{B} = 0.$$

Das aber ist bei nicht verschwindendem $\boldsymbol{A}$ und $\boldsymbol{B}$ die Bedingung für ihre Orthogonalität.

Die skalaren Produkte der Koordinatenvektoren *i*, *j*, *k* haben besonders einfache Werte. Denn wegen $|\boldsymbol{i}| = |\boldsymbol{j}| = |\boldsymbol{k}| = 1$, ist

$$\boldsymbol{i}^2 = \boldsymbol{j}^2 = \boldsymbol{k}^2 = 1,$$

und wegen ihrer Orthogonalität ist

$$\boldsymbol{i} \cdot \boldsymbol{j} = \boldsymbol{j} \cdot \boldsymbol{k} = \boldsymbol{k} \cdot \boldsymbol{i} = 0.$$

Die skalare Multiplikation eines Vektors mit einem Einsvektor *e* liefert die Projektion des Vektors auf die durch $\boldsymbol{e}$ gegebene Richtung (Abb. 42). Denn es ist wegen $|\boldsymbol{e}| = 1$ das skalare Produkt

$$\boldsymbol{A} \cdot \boldsymbol{e} = A \cos \vartheta = A_e.$$

Das skalare Produkt zweier Einsvektoren liefert wegen $|\boldsymbol{e}_1| = |\boldsymbol{e}_2| = 1$ den Kosinus des von ihnen (genauer: von ihren positiven Richtungen) gebildeten Winkels ϑ:

$$\boldsymbol{e}_1 \cdot \boldsymbol{e}_2 = |\boldsymbol{e}_1| |\boldsymbol{e}_2| \cos \vartheta = \cos \vartheta.$$

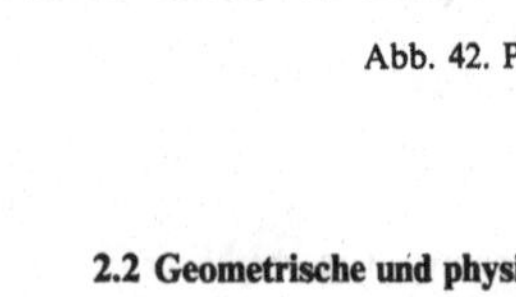

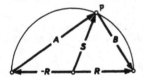

Abb. 41. Zum Satz des Thales

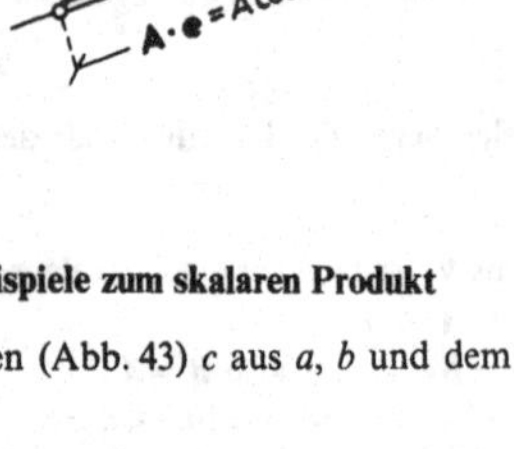

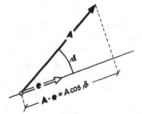

Abb. 42. Projektion eines Vektors

2.2 Geometrische und physikalische Anwendungsbeispiele zum skalaren Produkt

Der Kosinussatz der ebenen Trigonometrie. Wir wollen (Abb. 43) c aus a, b und dem Winkel γ berechnen.

Wegen der Gültigkeit des distributiven Gesetzes ist

$$\boldsymbol{c}^2 = (\boldsymbol{a} + \boldsymbol{b})^2 = (\boldsymbol{a} + \boldsymbol{b}) \cdot (\boldsymbol{a} + \boldsymbol{b}) = \boldsymbol{a}^2 + \boldsymbol{b}^2 + 2\,\boldsymbol{a} \cdot \boldsymbol{b}.$$

Unter Berücksichtigung, daß der Winkel zwischen den positiven Richtungen von $\boldsymbol{a}$

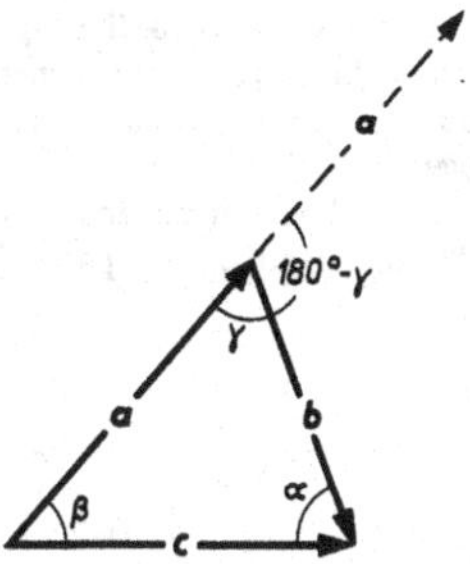

Abb. 43. Zum Kosinussatz

und $\boldsymbol{b}$ nicht γ, sondern $180°-\gamma$ ist, folgt wegen $\boldsymbol{c}^2 = c^2$, $\boldsymbol{a}^2 = a^2$ und $\boldsymbol{b}^2 = b^2$ schließlich

$$c^2 = a^2 + b^2 + 2ab\cos(180°-\gamma) = a^2 + b^2 - 2ab\cos\gamma .$$

Durch zyklische Vertauschung erhält man leicht die Ausdrücke für die beiden anderen Dreiecksseiten:

$$a^2 = b^2 + c^2 - 2bc\cos\alpha$$

und

$$b^2 = c^2 + a^2 - 2ca\cos\beta$$

Satz: Die Summe der Quadrate über den Diagonalen eines Parallelogramms ist gleich der Summe der Quadrate über den vier Seiten. Da die Diagonalen in Abb. 44 durch $(\boldsymbol{A} + \boldsymbol{B})$ und $(\boldsymbol{A} - \boldsymbol{B})$ ausdrückbar sind, ergibt die Summe der Quadrate ihrer Beträge

$$|\boldsymbol{A} + \boldsymbol{B}|^2 + |\boldsymbol{A} - \boldsymbol{B}|^2 = (\boldsymbol{A} + \boldsymbol{B})^2 + (\boldsymbol{A} - \boldsymbol{B})^2 = (\boldsymbol{A}^2 + \boldsymbol{B}^2 + 2\boldsymbol{A}\cdot\boldsymbol{B}) +$$
$$+ (\boldsymbol{A}^2 + \boldsymbol{B}^2 - 2\boldsymbol{A}\cdot\boldsymbol{B}) = \boldsymbol{A}^2 + \boldsymbol{B}^2 + \boldsymbol{A}^2 + \boldsymbol{B}^2 = A^2 + B^2 + A^2 + B^2 ,$$

was zu beweisen war.

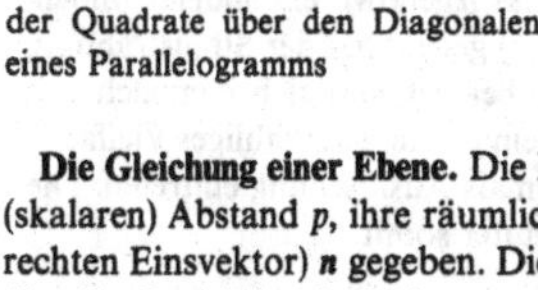

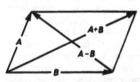

Abb. 44. Zum Satz über die Summe der Quadrate über den Diagonalen eines Parallelogramms

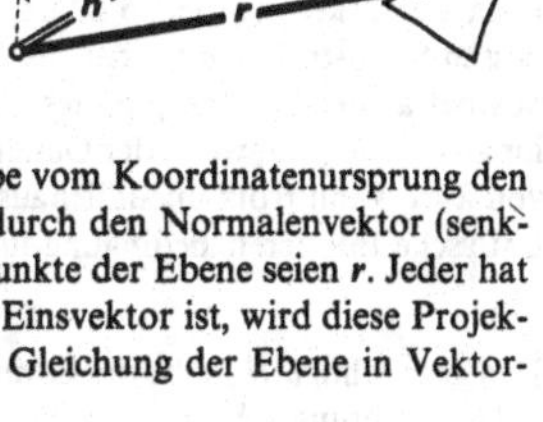

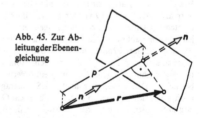

Abb. 45. Zur Ableitung der Ebenengleichung

Die Gleichung einer Ebene. Die Ebene in Abb. 45 habe vom Koordinatenursprung den (skalaren) Abstand p, ihre räumliche Orientierung sei durch den Normalenvektor (senkrechten Einsvektor) $\boldsymbol{n}$ gegeben. Die Ortsvektoren der Punkte der Ebene seien $\boldsymbol{r}$. Jeder hat dieselbe Projektion in Richtung $\boldsymbol{n}$, nämlich p. Da $\boldsymbol{n}$ ein Einsvektor ist, wird diese Projektion durch das skalare Produkt $\boldsymbol{r}\cdot\boldsymbol{n}$ ausgedrückt. Die Gleichung der Ebene in Vektorform lautet somit

$$\boldsymbol{r}\cdot\boldsymbol{n} = p .$$

Jeder Punkt, dessen Ortsvektor $\boldsymbol{r}$ diese Gleichung erfüllt, liegt auf der Ebene.

Laues Interferenzbedingungen. Das skalare Produkt benützen wir bei der Herleitung der Bedingungen, unter denen Röntgenstrahlen, die in der Richtung des Einsvektors $\boldsymbol{s}_0$ auf das Raumgitter eines Kristalls einfallen, in die Richtung des Einsvektors $\boldsymbol{s}$ abgebeugt werden.

Betrachten wir zunächst ein lineares Gitter (Abb. 46) mit Gitterpunkten (Atomen) im Abstand a, auf das die parallele Röntgenstrahlung in der Richtung $\boldsymbol{s}_0$ auffällt. Die Atome

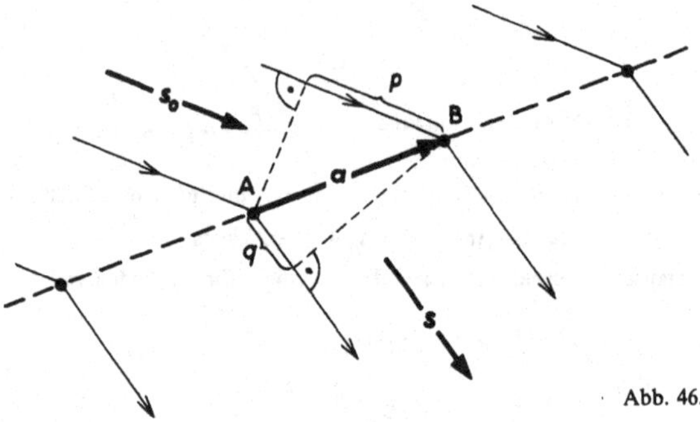

Abb. 46. Zur LAUEbedingung

werden durch sie so angeregt, daß sie nach allen Richtungen Strahlung mit derselben Frequenz und in derselben Phase aussenden wie die aufs Atom fallende Strahlung. In welchen Richtungen tritt eine Verstärkung der Röntgenwellen mit der Wellenlänge λ durch Interferenz ein? Irgendeine Streurichtung sei durch den Einsvektor $\boldsymbol{s}$ charakterisiert. Die Wellenfront der einfallenden Strahlung, die Normale auf $\boldsymbol{s}_0$, hat überall die gleiche Schwingungsphase. Die angeregten Atome B und A entsenden Strahlung derselben Phase wie die auftreffende Strahlung. Die Wellenfront der austretenden Strahlung ist normal auf $\boldsymbol{s}$. Es besteht zwischen den von B und A ausgesendeten Strahlen in den Wellenfronten ein Unterschied der Weglängen, ein *Gangunterschied* $q-p$. p läßt sich als Projektion von $\boldsymbol{a}$ auf $\boldsymbol{s}_0$ ausdrücken zu $p = \boldsymbol{a} \cdot \boldsymbol{s}_0$, analog ist $q = \boldsymbol{a} \cdot \boldsymbol{s}$. Also ist der Gangunterschied das skalare Produkt $\boldsymbol{a} \cdot (\boldsymbol{s}-\boldsymbol{s}_0)$. Beträgt er ein ganzzahliges Vielfache H_1 der Wellenlänge λ, so verstärken sich die von den Atomen abgebeugten Strahlungen. Andernfalls tritt Schwächung, bzw. Auslöschung ein, sofern man das Gitter als unendlich ausgedehnt betrachtet. Denn wenn sich auch die Streustrahlung zweier benachbarter Gitterpunkte noch verstärken würde, so läßt sich zu jedem Gitterpunkt irgendwo ein anderer finden, dessen Streustrahlung (in der ins Auge gefaßten Richtung) gegenüber der Streustrahlung des betrachteten Gitterpunktes um 180° phasenverschoben ist und sich demnach mit ihr auslöscht. Nur, wenn der Gangunterschied $\boldsymbol{a} \cdot (\boldsymbol{s}-\boldsymbol{s}_0)$ ein genau ganzzahliges Vielfache von λ ist, kann trotz unendlich ausgedehntem Gitter niemals Auslöschung eintreten. Die LAUEsche Interferenzbedingung für ein lineares Gitter lautet somit

$$\boldsymbol{a} \cdot (\boldsymbol{s}-\boldsymbol{s}_0) = H_1 \lambda .$$

Das ganzzahlige H_1 gibt die Ordnung der Interferenz.

Die Richtung $\boldsymbol{s}$ braucht nicht in der Zeichenebene zu liegen. Alle Richtungen $\boldsymbol{s}$, die mit $\boldsymbol{a}$ denselben Winkel einschließen, sind gleichwertig. Sie liegen alle auf einem Kegelmantel mit der Achse $\boldsymbol{a}$ und der Erzeugenden $\boldsymbol{s}$. Sind aber auch gleichzeitig als Beugungszentren wirkende Atome im vektoriellen Abstand $\boldsymbol{b}$ vorhanden, liegt also ein *Kreuzgitter* vor, dann muß auch die analoge Gleichung

$$\boldsymbol{b} \cdot (\boldsymbol{s} - \boldsymbol{s}_0) = H_2 \lambda$$

gelten. Beim *Raumgitter* schließlich sind auch noch Beugungszentren im vektoriellen Abstand $\boldsymbol{c}$ vorhanden, so daß zusätzlich

$$\boldsymbol{c} \cdot (\boldsymbol{s} - \boldsymbol{s}_0) = H_3 \lambda$$

ist. Beim Raumgitter müssen alle drei Gleichungen erfüllt sein, was nur dort der Fall ist, wo sich alle *drei* für $\boldsymbol{s}$ zuständigen Kegelmäntel schneiden.

Durch die drei Gleichungen, die man als *Lauesche Interferenzbedingungen* bezeichnet, wird die Richtung $\boldsymbol{s}$ festgelegt, in welche ein in Richtung $\boldsymbol{s}_0$ einfallender Strahl gebeugt wird.

Die Millerschen Indizes. In der Kristallographie bezeichnet man Ebenen im Kristall, die gleichmäßig mit Bausteinen (Atomen) besetzt sind, als *Netzebenen.* Ihre Kennzeichnung erfolgt durch die sogenannten *Millerschen Indizes.* Zu ihnen gelangt man wie folgt:

Jede durch ein räumliches Gitter gelegte Ebene läßt sich durch ihre Achsenabschnitte a', b', c' kennzeichnen (Abb. 47). Für parallele Ebenen sind die Verhältnisse ihrer Achsenabschnitte gleich. In der Kristallographie genügt es meist, eine dieser parallelen Ebenen zu kennen, es genügt die Kenntnis der *Stellung* einer dieser Ebenen, während ihre *Lage* gleichgültig ist. Wenn die betreffende Ebene eine Netzebene des Punktgitters ist, verhalten sich die Achsenabschnitte wie ganzzahlige Vielfache der entsprechenden Achsenvektoren, genauer ihrer Beträge a, b, c. Also $a' : b' : c' = \lambda a : \mu b : \nu c$ (λ, μ, ν ... ganzzahlig). Es hat sich aber in der Kristallographie eingebürgert, nicht λ, μ und ν zur Festlegung einer Netzebenschar zu verwenden, sondern Größen, die deren Kehrwerten proportional sind, und die man ganzzahlig und teilerfremd wählt. Diese Größen sind die MILLERschen Indizes h, k, l der Netzebenenschar, und für sie gilt

$$h : k : l = \frac{1}{\lambda} : \frac{1}{\mu} : \frac{1}{\nu}.$$

Wir werden im folgenden allerdings die MILLERschen Indizes immer mit h_1, h_2, h_3 bezeichnen.

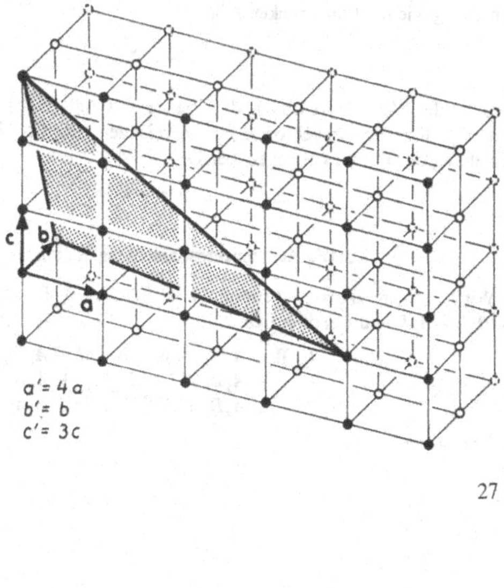

Abb. 47. Zur Kennzeichnung von Netzebenen

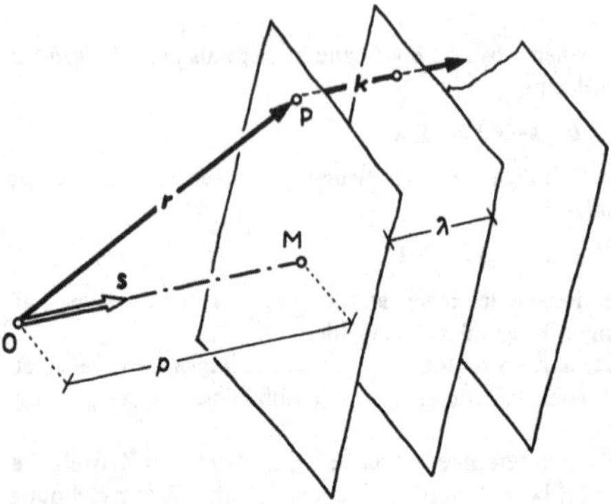

Abb. 48. Zur örtlichen Phasenverschiebung einer ebenen Welle

Die Phase einer ebenen Welle. Eine in Richtung des Einsvektors ***s*** fortschreitende ebene Welle hat zu einem festgehaltenen Zeitpunkt an der Stelle P (Abb. 48) gegenüber O eine Phasenverzögerung vom Betrage $|\varphi|$, die die gleiche ist wie im Punkte M. Bei Vergrößerung des senkrechten Abstandes p von O um eine Wellenlänge λ nimmt die Phasenverzögerung genau um 360° bzw. 2π zu, so daß man die Proportion

$$\frac{|\varphi|}{|\varphi| + 2\pi} = \frac{p}{p + \lambda}$$

anschreiben kann, woraus

$$|\varphi| = 2\pi p/\lambda$$

folgt. Da die Phase sich mit wachsendem p vermindert, es sich also um eine Phasenverzögerung handelt, setzt man

$$\varphi = -2\pi p/\lambda,$$

worin jetzt φ die Bedeutung einer Phasenvoreilung hat.

Der Abstand p ist die Projektion von $\boldsymbol{r}$ auf $\boldsymbol{s}$, also $p = \boldsymbol{s} \cdot \boldsymbol{r}$, womit sich die Phasenverschiebung wie folgt ausdrücken läßt:

$$\varphi = \frac{2\pi}{\lambda} \boldsymbol{s} \cdot \boldsymbol{r}.$$

Es ist in der Wellenlehre üblich, den Vektor $2\pi\,\boldsymbol{s}/\lambda$ als Wellenvektor $\boldsymbol{k}$ (nicht verwechseln mit dem Koordinatenvektor $\boldsymbol{k}$!) zu bezeichnen. Damit wird die örtliche Phasenverschiebung des Punktes P gegenüber O

$$\varphi = -\boldsymbol{k} \cdot \boldsymbol{r}.$$

2.3 Die Komponentendarstellung des skalaren Produktes

Wir setzen im skalaren Produkt $\boldsymbol{A} \cdot \boldsymbol{B}$ für $\boldsymbol{A} = A_x \boldsymbol{i} + A_y \boldsymbol{j} + A_z \boldsymbol{k}$ und für $\boldsymbol{B} = B_x \boldsymbol{i} + B_y \boldsymbol{j} + B_z \boldsymbol{k}$ und erhalten damit

$$\begin{aligned} \mathbf{A} \cdot \mathbf{B} = {} & A_x B_x \boldsymbol{i}^2 + A_x B_y \boldsymbol{i} \cdot \boldsymbol{j} + A_x B_z \boldsymbol{i} \cdot \boldsymbol{k} \\ & + A_y B_x \boldsymbol{j} \cdot \boldsymbol{i} + A_y B_y \boldsymbol{j}^2 + A_y B_z \boldsymbol{j} \cdot \boldsymbol{k} \\ & + A_z B_x \boldsymbol{k} \cdot \boldsymbol{i} + A_z B_y \boldsymbol{k} \cdot \boldsymbol{j} + A_z B_z \boldsymbol{k}^2, \end{aligned}$$

wovon wegen

$$\mathbf{i}^2 = \mathbf{j}^2 = \mathbf{k}^2 = 1 \quad \text{und} \quad \mathbf{i}\cdot\mathbf{j} = \mathbf{j}\cdot\mathbf{k} = \mathbf{k}\cdot\mathbf{i} = 0$$

als Formel für das

■ skalare Produkt in kartesischen Koordinaten

$$\boldsymbol{A}\cdot\boldsymbol{B} = A_x B_x + A_y B_y + A_z B_z \qquad [14]$$

übrig bleibt.

Diese Formel gestattet z. B., die bei einer Verschiebung von einer Kraft verrichtete Arbeit durch Kraft- und Verschiebungskomponenten auszudrücken. Bezeichnet man die kartesischen (skalaren) Kraftkomponenten mit F_x, F_y, F_z, die Verschiebungskomponenten mit x, y, z, dann ist die Arbeit

$$A = \boldsymbol{F}\cdot\boldsymbol{r} = F_x x + F_y y + F_z z\,.$$

Man erkennt hieran unmittelbar, daß jede Kraftkomponente nur Arbeit in ihrer Richtung verrichtet, nicht aber in den beiden anderen, zu ihr senkrechten.

Durch Einführung kartesischer Koordinaten kommt man von der Vektordarstellung der Ebene (Abb. 45) zur *Hesseschen Normalform*. Denn da die Komponenten des Normalenvektors $\boldsymbol{n}$

$$\begin{aligned} n_x &= \boldsymbol{n}\cdot\boldsymbol{i} = |\boldsymbol{n}|\,|\boldsymbol{i}|\cos\alpha\,,\\ n_y &= \boldsymbol{n}\cdot\boldsymbol{j} = |\boldsymbol{n}|\,|\boldsymbol{j}|\cos\beta\,,\\ n_z &= \boldsymbol{n}\cdot\boldsymbol{k} = |\boldsymbol{n}|\,|\boldsymbol{k}|\cos\gamma\,, \end{aligned}$$

sind, ist

$$\boldsymbol{n} = \boldsymbol{i}\cos\alpha + \boldsymbol{j}\cos\beta + \boldsymbol{k}\cos\gamma$$

und man kommt mit

$$\boldsymbol{r} = x\,\boldsymbol{i} + y\,\boldsymbol{j} + z\,\boldsymbol{k}$$

von

$$\boldsymbol{r}\cdot\boldsymbol{n} = p$$

durch Substitution für $\boldsymbol{r}$ und $\boldsymbol{n}$ sofort zu

$$x\cos\alpha + y\cos\beta + z\cos\gamma = p\,.$$

Dies ist die Hessesche Normalform einer Ebene. Daß in ihr vier konstante Parameter, nämlich $\cos\alpha$, $\cos\beta$, $\cos\gamma$ und p vorkommen, steht nicht in Widerspruch zu der Tatsache, daß eine Ebene durch drei Punkte, allgemeiner durch drei voneinander unabhängige Parameter bestimmt ist. Denn die Richtungskosinusse des Normalenvektors $\boldsymbol{n}$ gehorchen dem pythagoreischen Lehrsatz der Trigonometrie

$$\cos^2\alpha + \cos^2\beta + \cos^2\gamma = 1\,,$$

sind also nicht voneinander unabhängig.

2.4 Die Transformation kartesischer Komponenten

Die Verschiebung des Koordinatensystems. Hier müssen wir unterscheiden zwischen den echten Vektoren und den Ortsvektoren. Wenn das gestrichene Koordinatensystem (Abb. 49a) um den Vektor $\boldsymbol{s} = a\,\boldsymbol{i} + b\,\boldsymbol{j} + c\,\boldsymbol{k}$ gegenüber dem ungestrichenen verschoben ist, dann gilt zwischen den Ortsvektoren eines jeden Punktes P die Beziehung

$$\boldsymbol{r} = \boldsymbol{r}' + \boldsymbol{s}$$

bzw. für die Komponenten

$$x = x' + a\,,$$
$$y = y' + b\,,$$
$$z = z' + c\,.$$

Jeder echte Vektor dagegen ist definitionsgemäß unabhängig von der Lage des Koordinatenursprungs, für ihn gilt

$$V = V'\,,$$

woraus für seine kartesischen Komponenten ebenfalls Invarianz gegenüber einer Verschiebung des Koordinatensystems folgt:

$$V_x = V'_x, \quad V_y = V'_y, \quad V_z = V'_z\,.$$

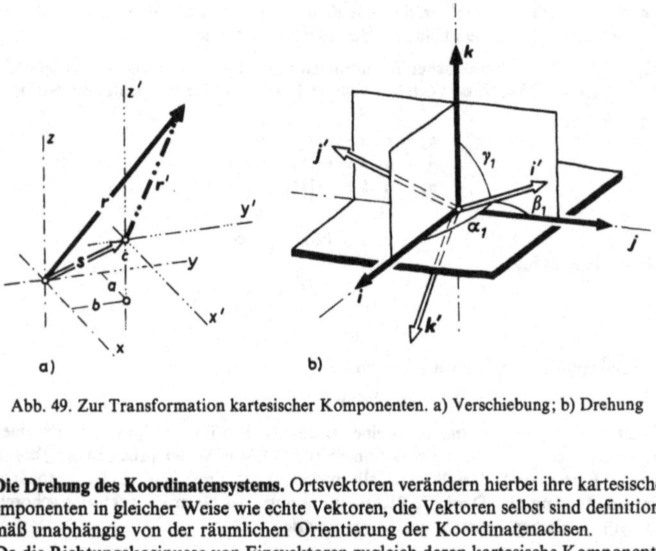

Abb. 49. Zur Transformation kartesischer Komponenten. a) Verschiebung; b) Drehung

Die Drehung des Koordinatensystems. Ortsvektoren verändern hierbei ihre kartesischen Komponenten in gleicher Weise wie echte Vektoren, die Vektoren selbst sind definitionsgemäß unabhängig von der räumlichen Orientierung der Koordinatenachsen.

Da die Richtungskosinusse von Einsvektoren zugleich deren kartesische Komponenten sind, lassen sich z. B. die Koordinatenvektoren $\boldsymbol{i}'$, $\boldsymbol{j}'$, $\boldsymbol{k}'$ des gestrichenen Systems im ungestrichenen gemäß Abb. 49b darstellen als

$$\left.\begin{aligned} \boldsymbol{i}' &= \boldsymbol{i}\cos\alpha_1 + \boldsymbol{j}\cos\beta_1 + \boldsymbol{k}\cos\gamma_1 \\ \boldsymbol{j}' &= \boldsymbol{i}\cos\alpha_2 + \boldsymbol{j}\cos\beta_2 + \boldsymbol{k}\cos\gamma_2 \\ \boldsymbol{k}' &= \boldsymbol{i}\cos\alpha_3 + \boldsymbol{j}\cos\beta_3 + \boldsymbol{k}\cos\gamma_3 \end{aligned}\right\} \qquad [a]$$

Setzen wir diese Ausdrücke für $\boldsymbol{i}'$, $\boldsymbol{j}'$, $\boldsymbol{k}'$ in der folgenden Invarianzgleichung $V = V'$, die wir in Komponenten als

$$V_x\boldsymbol{i} + V_y\boldsymbol{j} + V_z\boldsymbol{k} = V'_x\boldsymbol{i}' + V'_y\boldsymbol{j}' + V'_z\boldsymbol{k}' \qquad [b]$$

schreiben, auf der rechten Seite ein, so folgt eine Vektorgleichung, die nur noch Komponenten in $\boldsymbol{i}$-, $\boldsymbol{j}$- und $\boldsymbol{k}$-Richtung enthält. Durch Gleichsetzen dieser jeweiligen Komponenten links und rechts in der Gleichung [b] folgen die

■ Transformationsgleichungen für eine Drehung des Koordinatensystems

$$\begin{aligned} V_x &= V'_x \cos\alpha_1 + V'_y \cos\alpha_2 + V'_z \cos\alpha_3 \\ V_y &= V'_x \cos\beta_1 + V'_y \cos\beta_2 + V'_z \cos\beta_3 \\ V_z &= V'_x \cos\gamma_1 + V'_y \cos\gamma_2 + V'_z \cos\gamma_3 . \end{aligned} \qquad [15]$$

Löst man dieses Gleichungssystem nach V'_x, V'_y, V'_z auf, dann erhält man

$$\begin{aligned} V'_x &= V_x \cos\alpha_1 + V_y \cos\beta_1 + V_z \cos\gamma_1 , \\ V'_y &= V_x \cos\alpha_2 + V_y \cos\beta_2 + V_z \cos\gamma_2 , \\ V'_z &= V_x \cos\alpha_3 + V_y \cos\beta_3 + V_z \cos\gamma_3 . \end{aligned} \qquad [15a]$$

Zwischen den Koeffizienten der Transformationsgleichungen bestehen ganz bestimmte Beziehungen, denn die Richtungskosinusse, die diese Koeffizienten bilden, sind nicht unabhängig voneinander.

Multipliziert man beispielsweise die erste Gleichung des Gleichungssystems [a] mit sich selbst, so folgt

$$1 = \cos^2\alpha_1 + \cos^2\beta_1 + \cos^2\gamma_1 ,$$

während die Multiplikation der ersten mit der zweiten

$$0 = \cos\alpha_1 \cos\alpha_2 + \cos\beta_1 \cos\beta_2 + \cos\gamma_1 \cos\gamma_2$$

ergibt. Durch Quadrieren, bzw. Multiplizieren je zweier Gleichungen, erhält man insgesamt sechs Gleichungen, nämlich

$$\begin{aligned} &\cos^2\alpha_1 + \cos^2\beta_1 + \cos^2\gamma_1 = 1; \ \cos\alpha_1\cos\alpha_2 + \cos\beta_1\cos\beta_2 + \cos\gamma_1\cos\gamma_2 = 0; \\ &\cos^2\alpha_2 + \cos^2\beta_2 + \cos^2\gamma_2 = 1; \ \cos\alpha_2\cos\alpha_3 + \cos\beta_2\cos\beta_3 + \cos\gamma_2\cos\gamma_3 = 0; \\ &\cos^2\alpha_3 + \cos^2\beta_3 + \cos^2\gamma_3 = 1; \ \cos\alpha_3\cos\alpha_1 + \cos\beta_3\cos\beta_1 + \cos\gamma_3\cos\gamma_1 = 0. \end{aligned}$$

Gehen wir nicht vom Gleichungssystem [a] aus, sondern von der Darstellung der ungestrichenen Koordinatenvektoren $\boldsymbol{i}$, $\boldsymbol{j}$, $\boldsymbol{k}$ im gestrichenen System, so erhalten wir sechs andere Beziehungen zwischen den Transformationskoeffizienten: Aus [a] folgt durch Auflösung nach $\boldsymbol{i}$, $\boldsymbol{j}$ und $\boldsymbol{k}$:

$$\begin{aligned} \boldsymbol{i} &= \boldsymbol{i}' \cos a_1 + \boldsymbol{j}' \cos\alpha_2 + \boldsymbol{k}' \cos\alpha_3 \\ \boldsymbol{j} &= \boldsymbol{i}' \cos\beta_1 + \boldsymbol{j}' \cos\beta_2 + \boldsymbol{k}' \cos\beta_3 \\ \boldsymbol{k} &= \boldsymbol{i}' \cos\gamma_1 + \boldsymbol{j}' \cos\gamma_2 + \boldsymbol{k}' \cos\gamma_3 \end{aligned} \qquad [c]$$

und daraus analog wie aus [a]

$$\begin{aligned} &\cos^2\alpha_1 + \cos^2\alpha_2 + \cos^2\alpha_3 = 1; \ \cos\alpha_1\cos\beta_1 + \cos\alpha_2\cos\beta_2 + \cos\alpha_3\cos\beta_3 = 0; \\ &\cos^2\beta_1 + \cos^2\beta_2 + \cos^2\beta_3 = 1; \ \cos\beta_1\cos\gamma_1 + \cos\beta_2\cos\gamma_2 + \cos\beta_3\cos\gamma_3 = 0; \\ &\cos^2\gamma_1 + \cos^2\gamma_2 + \cos^2\gamma_3 = 1; \ \cos\gamma_1\cos\alpha_1 + \cos\gamma_2\cos\alpha_2 + \cos\gamma_3\cos\alpha_3 = 0 . \end{aligned}$$

Die zwölf Beziehungen zwischen den Transformationskoeffizienten heißen *Orthogonalitätsbedingungen* oder noch besser *Orthonormierungsbedingungen*, denn sie sind nur gültig, wenn beide Koordinatensysteme – also das gestrichene und das ungestrichene – Orthogonalsysteme (kartesische Systeme) sind, und wenn die jeweiligen Koordinatenvektoren Einsvektoren sind, also „auf Eins normiert" sind. Die verschiedenen Orthonormierungsbedingungen sind keine voneinander unabhängig bestehenden Gleichungen. Sie bieten lediglich verschiedene Möglichkeiten, aus drei dafür geeigneten Transformationskoeffizienten die übrigen sechs zu berechnen.

Ein Beispiel: Drehung des Koordinatensystems um die z-Achse. Der Winkel zwischen der positiven x'-Achse und der positiven x-Achse betrage φ. Die Transformationsgleichungen für die Koordinaten eines Punktes P sind anzuschreiben.

Die zu transformierenden Komponenten des Vektors sind im vorliegenden Fall die des Ortsvektors, es handelt sich also um eine Koordinatentransformation. Da die Drehung um die z-Achse erfolgt, ist

$$\boldsymbol{k}' = \boldsymbol{k},$$

Für $\boldsymbol{i}'$, bzw. $\boldsymbol{j}'$ folgt (Abb. 50)

$$\boldsymbol{i}' = \boldsymbol{i}\cos\varphi + \boldsymbol{j}\sin\varphi$$
$$\boldsymbol{j}' = -\boldsymbol{i}\sin\varphi + \boldsymbol{j}\cos\varphi,$$

woraus durch Vergleich mit [a] folgt:

$$\begin{array}{lll} \cos\alpha_1 = \cos\varphi & \cos\beta_1 = \sin\varphi & \cos\gamma_1 = 0 \\ \cos\alpha_2 = -\sin\varphi & \cos\beta_2 = \cos\varphi & \cos\gamma_2 = 0 \\ \cos\alpha_3 = 0 & \cos\beta_3 = 0 & \cos\gamma_3 = 1 \end{array}$$

Die Transformationsgleichungen werden damit gemäß [15]

$$x = x'\cos\varphi - y'\sin\varphi,$$
$$y = x'\sin\varphi + y'\cos\varphi,$$
$$z = z'.$$

Sie lassen sich leicht nach x', y' und z' umstellen.

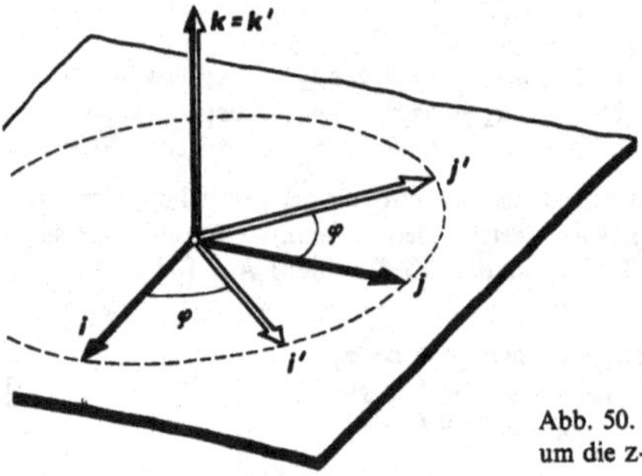

Abb. 50. Zur Drehung des Koordinatensystems um die z-Achse

2.5 Übungsaufgaben zum skalaren Produkt

15. Gegeben seien drei Vektoren $\boldsymbol{A}$, $\boldsymbol{B}$ und $\boldsymbol{C}$. Gesucht ist irgendein Vektor $\boldsymbol{V}$ in der durch $\boldsymbol{B}$ und $\boldsymbol{C}$ aufgespannten Ebene, der zu $\boldsymbol{A}$ orthogonal ist. Hinweis: Man setze $\boldsymbol{V} = \boldsymbol{B} + \alpha\,\boldsymbol{C}$ und bestimme den skalaren Parameter α.
16. Es ist zu beweisen, daß der Vektor

$$\boldsymbol{V} = \boldsymbol{B} - \boldsymbol{A}\,(\boldsymbol{A}\cdot\boldsymbol{B})/A^2$$

senkrecht auf dem Vektor $\boldsymbol{A}$ steht.
17. Der pythagoreische Lehrsatz ist mittels Vektorrechnung zu beweisen. Man setze hierzu die Hypotenuse als Vektorsumme aus den Katheten an.
18. Durch Vektorrechnung ist herauszufinden, welche Bedingung die Seiten $\boldsymbol{A}$ und $\boldsymbol{B}$ eines Parallelogramms erfüllen müssen, damit die Diagonalen aufeinander senkrecht stehen.

19. Durch Vektorrechnung ist herauszufinden, welche Bedingung die Seiten $\boldsymbol{A}$ und $\boldsymbol{B}$ eines Parallelogramms erfüllen müssen, damit die Diagonalen gleich lang sind. Hinweis: Wenn die Diagonalen gleich lang sind, dann trifft dies auch für deren Quadrate zu.
20. Durch Vektorrechnung ist folgender Satz zu beweisen: Die Differenz der Quadrate über den Diagonalen eines Parallelogramms ist gleich dem Vierfachen eines Rechtecks, dessen Grundlinie eine Parallelogrammseite ist und dessen Höhe gleich der Projektion der anderen Parallelogrammseite auf die Grundlinie ist.

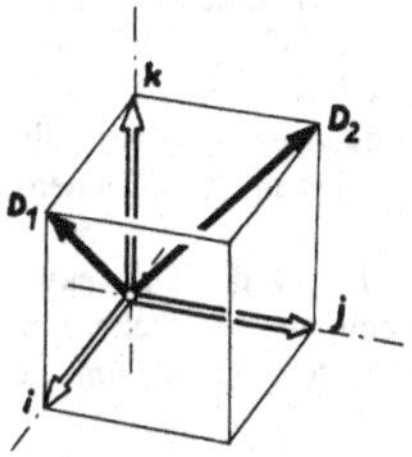

Abb. 51. Zu Aufgabe 25

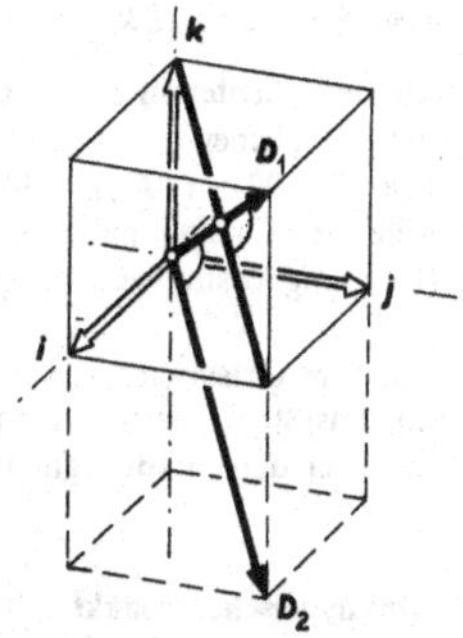

Abb. 52. Zu Aufgabe 26

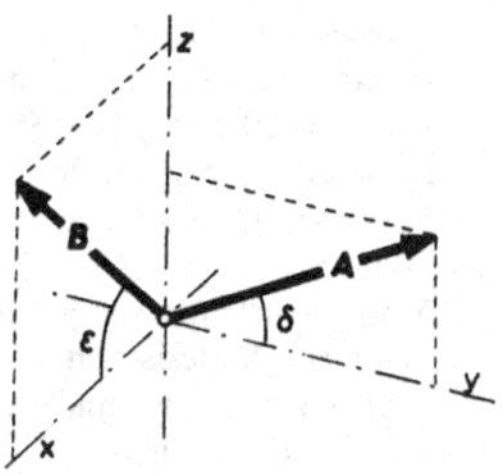

Abb. 53. Zu Aufgabe 27

21. Der Ausdruck für den durch Projektion von $\boldsymbol{A}$ auf $\boldsymbol{B}$ entstehenden Vektor $\boldsymbol{V}$ ist anzuschreiben. Gegeben sind $\boldsymbol{A}$ und $\boldsymbol{B}$.
22. Der allgemeine Ausdruck für den Kosinus des Winkels zwischen den beiden Einsvektoren

$$\boldsymbol{e}_1 = \boldsymbol{i}\cos\alpha_1 + \boldsymbol{j}\cos\beta_1 + \boldsymbol{k}\cos\gamma_1$$

und

$$\boldsymbol{e}_2 = \boldsymbol{i}\cos\alpha_2 + \boldsymbol{j}\cos\beta_2 + \boldsymbol{k}\cos\gamma_2$$

ist anzuschreiben.
23. Der Winkel zwischen den beiden Vektoren $\boldsymbol{R} = \boldsymbol{i} + 2\boldsymbol{j} + 3\,\boldsymbol{k}$ und $\boldsymbol{S} = 3\,\boldsymbol{i} + \boldsymbol{j} + 4\,\boldsymbol{k}$ ist zu berechnen.
24. Die Zahl λ ist so zu bestimmen, daß $\boldsymbol{U} = 2\,\boldsymbol{i} + \lambda\boldsymbol{j} + \boldsymbol{k}$ senkrecht auf $\boldsymbol{V} = 4\,\boldsymbol{i} - 2\boldsymbol{j} - 2\,\boldsymbol{k}$ steht.
25. Welchen Winkel bilden die Flächendiagonalen zweier aneinander grenzender Flächen eines Würfels? (Abb. 51).
26. Welchen Winkel bilden die Raumdiagonalen eines Würfels miteinander? (Abb. 52).
27. Der Vektor $\boldsymbol{A}$ in Abb. 53 verlaufe in der y-z-Ebene unter $\delta = 30°$, der Vektor $\boldsymbol{B}$ in der x-z-Ebene unter $\varepsilon = 45°$. Welchen Winkel bilden die beiden Vektoren miteinander?
28. Der Einsvektor $\boldsymbol{n}$ senkrecht zu der durch die beiden Vektoren $\boldsymbol{R} = 3\,\boldsymbol{i} - \boldsymbol{j} + 4\,\boldsymbol{k}$ und $\boldsymbol{S} = -6\,\boldsymbol{i} - 3\boldsymbol{j} + 2\,\boldsymbol{k}$ aufgespannten Ebene ist zu ermitteln.
29. Man ermittle die Vektorgleichung der Ebene durch den Punkt $(-7;\ -3;\ 2)$, die senkrecht zu der Geraden durch die Punkte A $(4;\ 2;\ -1)$ und B $(-2;\ 4;\ 2)$ verläuft.
30. Welchen Abstand hat die Ebene $\boldsymbol{A}\cdot\boldsymbol{r} + B = 0$ vom Koordinatenursprung ($\boldsymbol{r}$ ... Ortsvektor)? Welchen speziellen Wert nimmt dieser Abstand für $\boldsymbol{A} = 3\,\boldsymbol{i} - 4\,\boldsymbol{k}$ und $B = 15$ an? Hinweis: Die Orientierung des Normalenvektors auf die Ebene liegt

nicht eindeutig fest. Sie ist beim Zahlenbeispiel so zu wählen, daß der Abstand der Ebene zum Ursprung einen positiven Wert bekommt.

31. Welchen Winkel bilden die beiden Ebenen $\boldsymbol{A} \cdot \boldsymbol{r} + B = 0$ und $\boldsymbol{C} \cdot \boldsymbol{r} + D = 0$ miteinander? Das Resultat ist in kartesischen Komponenten darzustellen. (Der Winkel zwischen zwei Ebenen ist der gleiche wie zwischen ihren Normalen-Vektoren.)
32. Die Zahlen λ und μ sind so zu bestimmen, daß der Vektor $\boldsymbol{C} = \lambda \boldsymbol{i} + \mu \boldsymbol{j} + \boldsymbol{k}$ zu den Vektoren $\boldsymbol{A} = -2\boldsymbol{i} - \boldsymbol{j} + 2\boldsymbol{k}$ und $\boldsymbol{B} = 28\boldsymbol{i} + 3\boldsymbol{j} + 5\boldsymbol{k}$ orthogonal ist.
33. In einem kartesischen System sei der Vektor

$$\boldsymbol{V} = 20\boldsymbol{i} + 8\boldsymbol{j} - 12\boldsymbol{k}$$

vorgegeben. Man berechne seine Komponenten in einem (gestrichenen) Koordinatensystem, das gegenüber dem ursprünglichen so gedreht ist, daß $\sphericalangle(i'i) = 30°$; $\sphericalangle(i'j) = 90°$; $\sphericalangle(j'j) < 90°$; $\sphericalangle(k'i) < 90°$; $\sphericalangle(k'j) = 30°$; $\sphericalangle(k'k) < 90°$ ist.
Hinweis: Man ermittle mit Hilfe der Orthogonalitätsbedingungen zunächst alle Transformationskoeffizienten (Richtungskosinusse der gestrichenen Koordinatenvektoren).
34. Man ermittle für einen Punkt mit dem Ortsvektor $\boldsymbol{r} = 3\boldsymbol{i} + \boldsymbol{j} - 3\boldsymbol{k}$ den Ortsvektor in einem kartesischen Koordinatensystem, dessen Ursprung an der Stelle $\boldsymbol{s} = -3\boldsymbol{i} + \boldsymbol{j} + \boldsymbol{k}$ liegt und das gegenüber dem ursprünglichen System um 30° um die x-Achse gedreht ist.

2.6 Das dyadische Produkt

Zur Definition. Setzt man die Symbole zweier Vektoren, z. B. $\boldsymbol{A}$ und $\boldsymbol{B}$ einfach nebeneinander, also $\boldsymbol{A}\boldsymbol{B}$, so drückt man damit das sogenannte *dyadische Produkt* von $\boldsymbol{A}$ und $\boldsymbol{B}$ aus, während $\boldsymbol{A} \cdot \boldsymbol{B}$ das skalare Produkt bedeutet*).

Was man sich unter einem dyadischen Produkt vorzustellen hat, bzw. wozu es nützlich sein kann, mag uns das folgende einfache Beispiel zeigen. Durch einen Einsvektor $\boldsymbol{e}$ sei irgendeine Richtung im Raume gegeben. Wir sollen nun den Ausdruck anschreiben für den Vektor $\boldsymbol{V}$ in Richtung $\boldsymbol{e}$, der durch Projektion eines Vektors $\boldsymbol{R}$ auf $\boldsymbol{e}$ entsteht. Der Betrag V des gesuchten Vektors ist die Projektion von $\boldsymbol{R}$ auf $\boldsymbol{e}$, also

$$V = \boldsymbol{R} \cdot \boldsymbol{e} = \boldsymbol{e} \cdot \boldsymbol{R}$$

Der Vektor $\boldsymbol{V}$ hat die Richtung $\boldsymbol{e}$, also ist

$$\boldsymbol{V} = (\boldsymbol{R} \cdot \boldsymbol{e})\boldsymbol{e} = \boldsymbol{e}(\boldsymbol{e} \cdot \boldsymbol{R}).$$

Die anderen, auch noch möglichen Schreibweisen $\boldsymbol{e}(\boldsymbol{R} \cdot \boldsymbol{e})$ und $(\boldsymbol{e} \cdot \boldsymbol{R})\boldsymbol{e}$ lassen wir – obgleich auch an ihnen das dyadische Produkt aufgezeigt werden könnte – der Einfachheit wegen außer Betracht.

Um von $\boldsymbol{R}$ mit Hilfe des Einsvektors $\boldsymbol{e}$ zu dem Projektionsvektor $\boldsymbol{V}$ zu kommen, müssen wir „mit $\boldsymbol{R}$ irgendetwas machen", wir müssen etwas, das mit dem Vektor $\boldsymbol{e}$ zusammenhängt, auf $\boldsymbol{R}$ „einwirken" lassen, kurz: wir bilden (aus dem Einsvektor $\boldsymbol{e}$) einen Operator, der uns $\boldsymbol{R}$ in $\boldsymbol{V}$ verwandelt. Damit der Charakter des Operators sichtbar wird, wählen

*) Diese Art der Kennzeichnung entspricht einer international empfohlenen Norm. Allerdings hat sich diese nicht so allgemein eingebürgert, daß man sich blindlings darauf verlassen kann. So finden sich auch Autoren, die bezüglich der Kennzeichnung von skalarem und dyadischem Produkt genau umgekehrt wie die Norm verfahren. Insofern sollte der Leser sich also nicht allzu sehr auf die eine oder andere Darstellungsart festlegen. Auch die Schreibweise $\boldsymbol{A}\,;\,\boldsymbol{B}$ findet man manchmal für das dyadische Produkt aus $\boldsymbol{A}$ und $\boldsymbol{B}$.

wir die Schreibweise

$$\boldsymbol{V} = \boldsymbol{R} \cdot (\boldsymbol{e}\,\boldsymbol{e}) \quad \text{oder} \quad (\boldsymbol{e}\,\boldsymbol{e}) \cdot \boldsymbol{R},$$

wobei wir die Klammer auch fortlassen können, also

$$\boldsymbol{e}\,\boldsymbol{e} \cdot \boldsymbol{R} \quad \text{bzw.} \quad \boldsymbol{R} \cdot \boldsymbol{e}\,\boldsymbol{e}$$

schreiben können. Der Ausdruck $\boldsymbol{e}\,\boldsymbol{e}$ hat die Form eines dyadischen Produktes – und zwar zufällig eines dyadischen Produktes eines Vektors mit sich selbst. Wir sehen, daß wir dieses dyadische Produkt „von links" mit dem Vektor $\boldsymbol{R}$ multiplizieren können oder „von rechts", wobei es sich um eine *skalare* Multiplikation handelt.

Wir haben damit unser spezielles dyadisches Produkt $\boldsymbol{e}\,\boldsymbol{e}$ wie folgt definiert:

1. $\boldsymbol{e}\boldsymbol{e}$ ist ein Operator, der bei Einwirkung – dargestellt als skalare Multiplikation – auf den Vektor $\boldsymbol{R}$ als Ergebnis den Projektionsvektor $\boldsymbol{V}$ ergibt.
2. Schreiben wir $\boldsymbol{R} \cdot \boldsymbol{e}\,\boldsymbol{e}$, so soll das soviel bedeuten wie $(\boldsymbol{R} \cdot \boldsymbol{e})\,\boldsymbol{e}$, während $\boldsymbol{e}\,\boldsymbol{e} \cdot \boldsymbol{R}$ die Bedeutung $\boldsymbol{e}\,(\boldsymbol{e} \cdot \boldsymbol{R})$ hat.

Nur zufällig ist es in unserem Fall gleichgültig, ob wir $\boldsymbol{e}\,\boldsymbol{e}$ von links oder von rechts mit $\boldsymbol{R}$ skalar multiplizieren!

Das Verfahren, aus zwei Vektoren einen Operator zu bilden, um diesen dann auf weitere Vektoren „einwirken" lassen zu können, erweist sich nicht nur im aufgezeigten Fall $\boldsymbol{e}\,\boldsymbol{e}$ als zweckmäßig, sondern auch bei anderen Gelegenheiten. Wir können darauf aber jetzt noch nicht zu sprechen kommen. Jedenfalls definiert man unter Verallgemeinerung unseres speziellen Operators $\boldsymbol{e}\,\boldsymbol{e}$ das dyadische Produkt zweier Vektoren $\boldsymbol{A}$ und $\boldsymbol{B}$, das wir durch einen großen, aufrecht stehenden, fettgedruckten Buchstaben, z. B. **D** kennzeichnen wollen, wie folgt:

■ Definition des dyadischen Produktes $\mathbf{D} = \boldsymbol{A}\,\boldsymbol{B}$:
D ist ein Operator, der durch skalare Multiplikation von links bzw. von rechts auf jeden Vektor $\boldsymbol{R}$ dergestalt „einwirkt", daß

$$\mathbf{D} \cdot \boldsymbol{R} = \boldsymbol{A}\,\boldsymbol{B} \cdot \boldsymbol{R} = \boldsymbol{A}\,(\boldsymbol{B} \cdot \boldsymbol{R})$$

und

$$\boldsymbol{R} \cdot \mathbf{D} = \boldsymbol{R} \cdot \boldsymbol{A}\,\boldsymbol{B} = (\boldsymbol{R} \cdot \boldsymbol{A})\,\boldsymbol{B} \qquad [16]$$

bedeutet.

Eigenschaften des dyadischen Produktes

1. Das dyadische Produkt ist *assoziativ* gegenüber der Multiplikation mit einem Skalar:

$$s\,(\boldsymbol{A}\,\boldsymbol{B}) = (s\,\boldsymbol{A})\,\boldsymbol{B} = \boldsymbol{A}\,(s\,\boldsymbol{B}).$$

Das leuchtet unmittelbar ein, wenn man $s\,(\boldsymbol{A}\,\boldsymbol{B})$ auf ein Vektor $\boldsymbol{R}$ wirken läßt. Z. B.

$$s\,(\boldsymbol{A}\,\boldsymbol{B}) \cdot \boldsymbol{R} = s\,\{\boldsymbol{A}\,(\boldsymbol{B} \cdot \boldsymbol{R})\} = (s\,\boldsymbol{A})\,(\boldsymbol{B} \cdot \boldsymbol{R}) = \boldsymbol{A}\,\{(s\,\boldsymbol{B}) \cdot \boldsymbol{R}\} = \dots$$

2. Das dyadische Produkt ist *distributiv* gegenüber einer Vektorsumme:

$$\boldsymbol{A}\,(\boldsymbol{B} + \boldsymbol{C}) = \boldsymbol{A}\,\boldsymbol{B} + \boldsymbol{A}\,\boldsymbol{C}.$$

Dies folgt unmittelbar aus der Distributivität des skalaren Produktes $(\boldsymbol{B} + \boldsymbol{C}) \cdot \boldsymbol{R}$, wenn man $\boldsymbol{A}\,(\boldsymbol{B} + \boldsymbol{C})$ auf $\boldsymbol{R}$ einwirken läßt.

3. Durch gleichartige Einwirkung eines dyadischen Produktes auf beliebige Vektoren entstehen stets kollineare Vektoren. Denn alle Vektoren der Form

$$\boldsymbol{V} = \boldsymbol{A}\,\boldsymbol{B} \cdot \boldsymbol{R} = \boldsymbol{A}\,(\boldsymbol{B} \cdot \boldsymbol{R})$$

haben die Richtung von $\boldsymbol{A}$, während die Vektoren

$$U = \boldsymbol{R} \cdot \boldsymbol{A}\,\boldsymbol{B} = (\boldsymbol{R} \cdot \boldsymbol{A})\,\boldsymbol{B}$$

alle die Richtung von $\boldsymbol{B}$ aufweisen. Lediglich die Orientierung (Richtungssinn) kann gleichsinnig oder entgegengesetzt zu $\boldsymbol{A}$ bzw. $\boldsymbol{B}$ sein. Das aber ist für die Kollinearität nicht entscheidend.

Eine wesentliche *Eigenschaft, die das dyadische Produkt nicht hat*, ist die Kommutativität. Denn

$$\boldsymbol{A}\,\boldsymbol{B} \cdot \boldsymbol{R} \neq \boldsymbol{B}\,\boldsymbol{A} \cdot \boldsymbol{R}.$$

Der linke Ausdruck ist der Vektor $\boldsymbol{A}\,(\boldsymbol{B} \cdot \boldsymbol{R})$, der die Richtung von $\boldsymbol{A}$ hat, während der rechte Ausdruck $\boldsymbol{B}\,(\boldsymbol{A} \cdot \boldsymbol{R})$ ein Vektor in der Richtung von $\boldsymbol{B}$ ist.

Die Nichtvertauschbarkeit der Faktoren eines dyadischen Produktes ist gleichbedeutend damit, daß es als Vorfaktor (also bei der Einwirkung von links nach rechts) ein anderes Ergebnis liefert als als Nachfaktor (Einwirkung von rechts nach links):

$$\boldsymbol{A}\,\boldsymbol{B} \cdot \boldsymbol{R} \neq \boldsymbol{R} \cdot \boldsymbol{A}\,\boldsymbol{B}.$$

Der erste Faktor eines dyadischen Produktes wird manchmal *Antezedent*, der zweite *Konsequent* genannt.

Das dyadische Produkt ist ein Sonderfall eines Tensors zweiter Stufe. Tensoren zweiter Stufe sind wie das dyadische Produkt Operatoren, die bei skalarer „Einwirkung" auf Vektoren zu anderen Vektoren führen. Im Fall des dyadischen Produktes sind die entstehenden Vektoren alle kollinear. Es handelt sich, wie gesagt, um einen Sonderfall eines Tensors zweiter Stufe, um einen sogenannten *singulären* Tensor.

2.7 Die Komponentendarstellung des dyadischen Produktes

Aus der Distributivität des dyadischen Produktes gegenüber Vektorsummen folgt

$$\begin{aligned}\boldsymbol{A}\,\boldsymbol{B} &= \boldsymbol{A}\,(B_x\,\boldsymbol{i} + B_y\boldsymbol{j} + B_z\,\boldsymbol{k}) = B_x\boldsymbol{A}\,\boldsymbol{i} + B_y\boldsymbol{A}\,\boldsymbol{j} + B_z\boldsymbol{A}\,\boldsymbol{k} = \\ &= B_x(A_x\,\boldsymbol{i} + A_y\boldsymbol{j} + A_z\,\boldsymbol{k})\,\boldsymbol{i} + \\ &+ B_y(A_x\,\boldsymbol{i} + A_y\boldsymbol{j} + A_z\boldsymbol{k})\,\boldsymbol{j} + \\ &+ B_z(A_x\,\boldsymbol{i} + A_y\boldsymbol{j} + A_z\,\boldsymbol{k})\,\boldsymbol{k},\end{aligned}$$

also – unter Abänderung der Reihenfolge –

$$\begin{aligned}\boldsymbol{A}\,\boldsymbol{B} &= A_xB_x\,\boldsymbol{i}\,\boldsymbol{i} + A_xB_y\,\boldsymbol{i}\,\boldsymbol{j} + A_xB_z\,\boldsymbol{i}\,\boldsymbol{k} + \\ &+ A_yB_x\boldsymbol{j}\,\boldsymbol{i} + A_yB_y\boldsymbol{j}\,\boldsymbol{j} + A_yB_z\boldsymbol{j}\,\boldsymbol{k} + \\ &+ A_zB_x\,\boldsymbol{k}\,\boldsymbol{i} + A_zB_y\,\boldsymbol{k}\,\boldsymbol{j} + A_zB_z\,\boldsymbol{k}\,\boldsymbol{k}.\end{aligned}$$

Wegen der Nichtkommutativität der dyadischen Produkte $\boldsymbol{i}\boldsymbol{j}$, $\boldsymbol{i}\boldsymbol{k}$, $\boldsymbol{j}\boldsymbol{k}$ usw. läßt sich dieser Ausdruck nicht weiter vereinfachen. Man kann die Koeffizienten A_xB_x, A_xB_y usw. in einem Schema, einer sogenannten quadratischen Matrix anordnen. Diese Matrix entspricht dann dem dyadischen Produkt:

$$\boldsymbol{A}\,\boldsymbol{B} \mathrel{\hat{=}} \begin{pmatrix} A_xB_x & A_xB_y & A_xB_z \\ A_yB_x & A_yB_y & A_yB_z \\ A_zB_x & A_zB_y & A_zB_z \end{pmatrix}.$$

Läßt man $\boldsymbol{A}\boldsymbol{B}$ auf einen Vektor $\boldsymbol{R}$ z. B. als Vorfaktor einwirken, so findet man die kartesischen Komponenten des entstehenden Vektors $\boldsymbol{V}$ wie folgt:

$$\boldsymbol{V} = \boldsymbol{A}\,\boldsymbol{B} \cdot \boldsymbol{R} = \boldsymbol{A}\,(\boldsymbol{B} \cdot \boldsymbol{R}) = (A_x\,\boldsymbol{i} + A_y\boldsymbol{j} + A_z\boldsymbol{k})(\boldsymbol{B} \cdot \boldsymbol{R})\,;$$

dabei ist

$$\boldsymbol{B} \cdot \boldsymbol{R} = B_xR_x + B_yR_y + B_zR_z\,,$$

so daß

$$
\begin{aligned}
V = &(A_x B_x R_x + A_x B_y R_y + A_x B_z R_z)\,\boldsymbol{i} + \\
= &(A_y B_x R_x + A_y B_y R_y + A_y B_z R_z)\,\boldsymbol{j} + \\
+ &(A_z B_x R_x + A_z B_y R_y + A_z B_z R_z)\,\boldsymbol{k}
\end{aligned}
$$

folgt. Zum gleichen Ergebnis kommt man auch, wenn man den neungliedrigen Ausdruck $(A_x B_x\,\boldsymbol{i}\boldsymbol{i} + A_x B_y\,\boldsymbol{i}\boldsymbol{j} + \cdots)$ als Vorfaktor nimmt und mit dem Vektor $\boldsymbol{R} = R_x\,\boldsymbol{i} + R_y\boldsymbol{j} + R_z\,\boldsymbol{k}$ skalar multipliziert. Man muß dabei lediglich berücksichtigen, daß

$$
\begin{gathered}
\boldsymbol{i}\boldsymbol{i}\cdot\boldsymbol{i} = \boldsymbol{i}(\boldsymbol{i}\cdot\boldsymbol{i}) = \boldsymbol{i} \\
\boldsymbol{i}\boldsymbol{i}\cdot\boldsymbol{j} = \boldsymbol{i}(\boldsymbol{i}\cdot\boldsymbol{j}) = 0 \\
\text{usw.} \\
\boldsymbol{i}\boldsymbol{j}\cdot\boldsymbol{i} = \boldsymbol{i}(\boldsymbol{j}\cdot\boldsymbol{i}) = 0 \\
\boldsymbol{i}\boldsymbol{j}\cdot\boldsymbol{j} = \boldsymbol{i}(\boldsymbol{j}\cdot\boldsymbol{j}) = \boldsymbol{i} \\
\text{usw.}
\end{gathered}
$$

ist. Auf ein spezielles Anschreiben der daraus ersichtlichen Regeln für die Koordinatenvektoren $\boldsymbol{i}, \boldsymbol{j}, \boldsymbol{k}$ wollen wir verzichten.

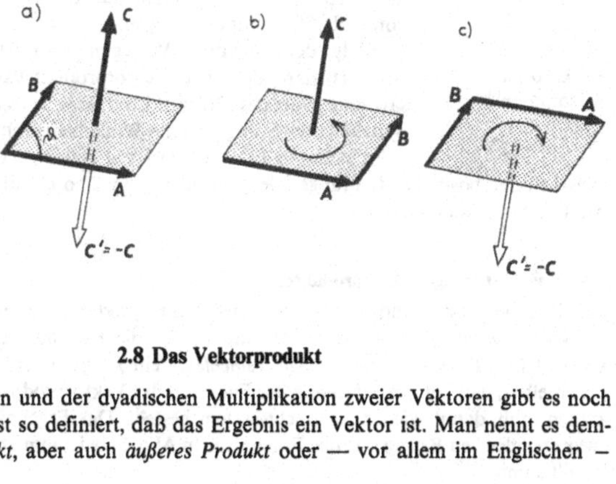

Abb. 54. Zum Vektorprodukt

2.8 Das Vektorprodukt

Außer der skalaren und der dyadischen Multiplikation zweier Vektoren gibt es noch eine dritte Art. Sie ist so definiert, daß das Ergebnis ein Vektor ist. Man nennt es demzufolge *Vektorprodukt*, aber auch *äußeres Produkt* oder — vor allem im Englischen — *Kreuzprodukt*.

Ein Beispiel aus der Geometrie. Wenn zwei Vektoren $\boldsymbol{A}$ und $\boldsymbol{B}$ (Abb. 54a) ein Parallelogramm bilden, so läßt sich der so entstandenen Fläche ein Vektor $\boldsymbol{C}$ zuordnen, dessen Betrag den Flächeninhalt und dessen Richtung die Stellung der Ebene im Raum angibt (vgl. Abb. 2 auf Seite 1). Der dem Flächeninhalt des Parallelogramms zugeordnete Betrag C des Vektors $\boldsymbol{C}$ ist $AB \sin \vartheta$, während für die Richtung zunächst die des orthogonalen Vektors $\boldsymbol{C}$ in Abb. 54a oder die des ebenfalls orthogonalen Vektors $\boldsymbol{C}' = -\boldsymbol{C}$ denkbar wäre. Wie Seite 3 bereits ausgeführt, ist es üblich, Pfeilrichtung und Umlaufsinn der Fläche im Sinne einer Rechtsschraubung einander zuzuordnen. Ob also $\boldsymbol{C}$ oder $\boldsymbol{C}' = -\boldsymbol{C}$ die „richtige" Kennzeichnung des Parallelogramms ist, hängt davon ab, ob man es im Sinne der Abb. 54b oder der Abb. 54c umfährt. Der Umlaufsinn ergibt sich dabei zwangsläufig durch die Reihenfolge, die man den beiden Vektoren $\boldsymbol{A}$ und $\boldsymbol{B}$ gibt.

Die Definition des Vektorproduktes. Die Bildung des Flächenvektors $\boldsymbol{C}$ aus den Parallelogrammseiten $\boldsymbol{A}$ und $\boldsymbol{B}$ schreibt man als Multiplikation der Vektoren $\boldsymbol{A}$ und $\boldsymbol{B}$ an, wobei als

Multiplikationssymbol das schräge Multiplikationskreuz verwendet wird, also

$$\boldsymbol{C} = \boldsymbol{A} \times \boldsymbol{B}\,.$$

Die Richtung von **C** wird durch die Reihenfolge der Faktoren **A** und **B** zum Ausdruck gebracht. So wie sie im Vektorprodukt aufeinanderfolgen, so ist auch die unterstellte Reihenfolge beim Umlauf um das Parallelogramm. Die Formel $\boldsymbol{C} = \boldsymbol{A} \times \boldsymbol{B}$ entspricht demnach der Reihenfolge in Abb. 54b, während $\boldsymbol{C}' = \boldsymbol{B} \times \boldsymbol{A}$ die Reihenfolge in Abb. 54c widerspiegelt. Aus dem für das Parallelogramm Gesagten folgt als

■ Definition des Vektorproduktes:

Betrag ... $|\boldsymbol{A} \times \boldsymbol{B}| = AB \sin \vartheta$; $(\vartheta \leqq 180°)$; [17]
Richtung ... $(\boldsymbol{A} \times \boldsymbol{B}) \perp \boldsymbol{A}$ und $\perp \boldsymbol{B}$;
Orientierung ... **A**, **B** und $\boldsymbol{A} \times \boldsymbol{B}$ bilden in der angegebenen Reihenfolge ein Rechtssystem.

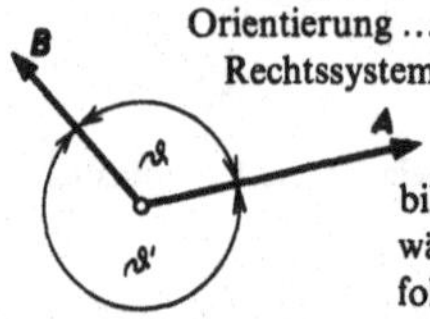

Abb. 55.
Winkel beim Vektorprodukt

Dabei ist ϑ der von den positiven Richtungen von **A** und **B** gebildete Winkel. Von beiden möglichen Winkeln ist der kleinere zu wählen, also ϑ in Abb. 55, nicht aber ϑ'! Auch bei der Aufeinanderfolge von **A** und **B** zur Bildung des Rechtssystems ist der Winkel ϑ von Abb. 55 zugrunde zu legen.

Infolge der eindeutigen Verfügung über die Wahl des Winkels ϑ ist der (skalare) Betrag des Vektorproduktes stetspositiv, im Gegensatz zum Wert des skalaren Produktes, wo sich im Vorzeichen die Spitzheit oder Stumpfheit des Winkels spiegelt. Wählt man übrigens beim skalaren Produkt statt des kleineren den größeren Winkel zwischen den positiven Richtungen der beiden Vektoren, so hat dies keinen Einfluß auf das Ergebnis. Denn $\cos(360° - \vartheta) = \cos \vartheta$.

Eigenschaften des Vektorproduktes

1. Das hervorstechendste Merkmal des Vektorproduktes zweier Vektoren ist die *Antikommutativität*. Aufgrund der Definition, daß die Faktoren **A**, **B** und das Vektorprodukt $(\boldsymbol{A} \times \boldsymbol{B})$ *in der angegebenen Reihenfolge* ein Rechtssystem bilden müssen, folgt unmittelbar, daß bei Vertauschung der Faktoren das Vektorprodukt seine Richtung umkehren muß, damit wieder ein Rechtssystem besteht. Das Ergebnis $\boldsymbol{C}'$ in Abb. 54c hat zwar den gleichen Betrag wie das Ergebnis **C** in Abb. 54b, ist ihm aber entgegengerichtet. Es gilt somit

■ $$\boldsymbol{B} \times \boldsymbol{A} = -(\boldsymbol{A} \times \boldsymbol{B})\,. \qquad [18]$$

(Antikommutativität des Vektorproduktes)

2. Das Vektorprodukt zweier Vektoren ist *assoziativ gegenüber der Multiplikation mit einem Skalar*. Der Beweis läßt sich aus der Definitionsgleichung [17] leicht herleiten. Man geht dabei von dem Gedanken aus, daß der skalare Faktor nur den Betrag eines der vektoriellen Faktoren oder des Vektorproduktes beeinflußt. Bezüglich der ins Spiel kommenden Richtungen ist es aber gleichgültig, welcher Betrag durch den skalaren Faktor geändert wird. Der Betrag des Vektorproduktes hinwiederum rechnet sich nicht nach einer vektoriellen Formel, sondern nach einer skalaren aus. Diese gehorcht als solche aber den gewohnten Regeln der Multiplikation, ist also assoziativ gegenüber der Multiplikation mit einem Skalar. Somit gilt

$$s(\boldsymbol{A} \times \boldsymbol{B}) = (s\boldsymbol{A}) \times \boldsymbol{B} = \boldsymbol{A} \times (s\boldsymbol{B})\,.$$

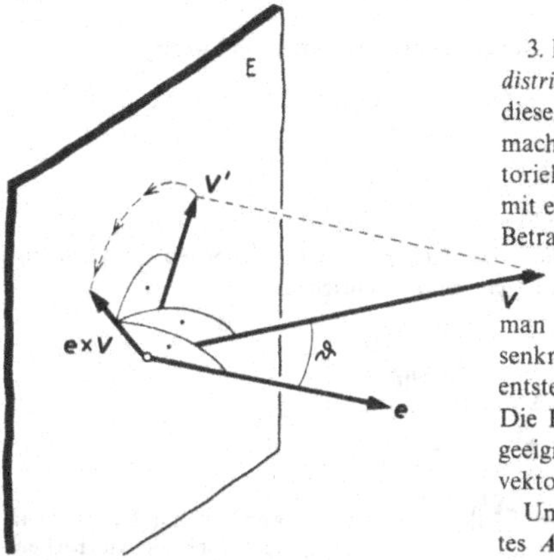

Abb. 56. Zur vektoriellen Multiplikation eines Einsvektors mit einem Vektor

3. Das Vektorprodukt zweier Vektoren ist *distributiv gegenüber einer Vektorsumme.* Um diesen Satz anschaulich beweisen zu können, machen wir uns zunächst klar, was die vektorielle Multiplikation eines Einsvektors $\boldsymbol{e}$ mit einem Vektor $\boldsymbol{V}$ bedeutet (Abb. 56). Der Betrag von $\boldsymbol{e} \times \boldsymbol{V}$ ist

$$|\boldsymbol{e} \times \boldsymbol{V}| = V \sin \vartheta ,$$

man erhält ihn, wenn man $\boldsymbol{V}$ auf die zu $\boldsymbol{e}$ senkrechte Ebene E projiziert, denn der so entstehende Vektor $\boldsymbol{V}'$ hat den Betrag $V \sin \vartheta$. Die Richtung von $\boldsymbol{e} \times \boldsymbol{V}$ ergibt sich durch geeignet gerichtete Drehung des Projektionsvektors $\boldsymbol{V}'$ in der Ebene um 90°.

Um die Distributivität des Vektorproduktes $\boldsymbol{A} \times (\boldsymbol{B} + \boldsymbol{C})$ zu zeigen, dividieren wir zunächst durch den Betrag A, um ein Vektorprodukt mit einem Einsvektor zu erhalten:

$$\frac{\boldsymbol{A} \times (\boldsymbol{B} + \boldsymbol{C})}{A} = \frac{\boldsymbol{A}}{A} \times (\boldsymbol{B} + \boldsymbol{C}) = \boldsymbol{e}_A \times (\boldsymbol{B} + \boldsymbol{C}) .$$

(Diese Division ist als Multiplikation des Vektorproduktes mit dem Skalar $1/A$ aufzufassen und daher assoziativ. Dadurch, daß wir den Faktor $\boldsymbol{A}$ für die Division heranziehen, erhalten wir den erwünschten Einsvektor $\boldsymbol{e}_A = \boldsymbol{A}/A$.)

Haben wir erst einmal die Distributivität für $\boldsymbol{e}_A \times (\boldsymbol{B} + \boldsymbol{C})$ nachgewiesen, so ist durch Multiplikation mit A sofort auch die Distributivität für $\boldsymbol{A} \times (\boldsymbol{B} + \boldsymbol{C})$ erbracht.

In Abb. 57a sind die Vektoren $\boldsymbol{B}$, $\boldsymbol{C}$ und $\boldsymbol{B} + \boldsymbol{C}$ auf die zu $\boldsymbol{e}_A$ senkrechte Ebene projiziert. Die Projektionen sind mit $\boldsymbol{B}'$, $\boldsymbol{C}'$ und $(\boldsymbol{B} + \boldsymbol{C})'$ bezeichnet. Blickt man entgegen der Richtung von $\boldsymbol{e}_A$ auf die Ebene, dann decken sich die Vektoren mit ihren Projektionen (Abb. 57b). Durch Drehung um 90° werden aus den Projektionen die Vektoren $\boldsymbol{e}_A \times \boldsymbol{B}$, $\boldsymbol{e}_A \times \boldsymbol{C}$ und $\boldsymbol{e}_A \times (\boldsymbol{B} + \boldsymbol{C})$. In Abb. 57b ist sofort erkennbar, daß

$$\boldsymbol{e}_A \times (\boldsymbol{B} + \boldsymbol{C}) = (\boldsymbol{e}_A \times \boldsymbol{B}) + (\boldsymbol{e}_A \times \boldsymbol{C})$$

Abb. 57. Zur Distributivität des Vektorproduktes

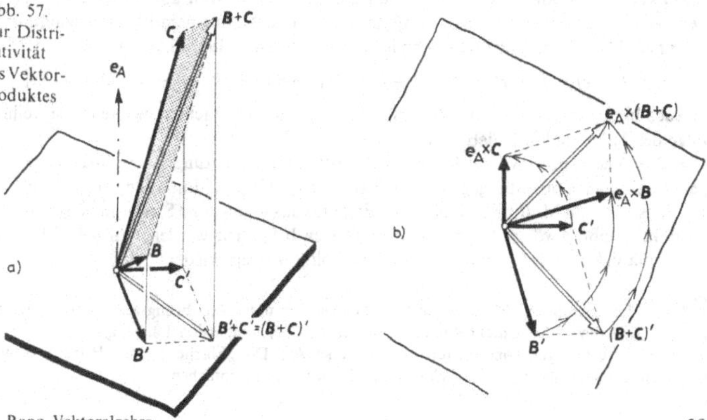

ist. Durch Multiplikation dieser Gleichung mit dem Betrag A folgt wegen

$$A\,e_A = A$$

schließlich die Distributivität

$$A \times (B + C) = (A \times B) + (A \times C),$$

die zu beweisen war.

Zu beachten ist, daß die Reihenfolge der *Faktoren* auf beiden Seiten der Gleichung dieselbe sein muß. Die *Summanden* dagegen sind vertauschbar.

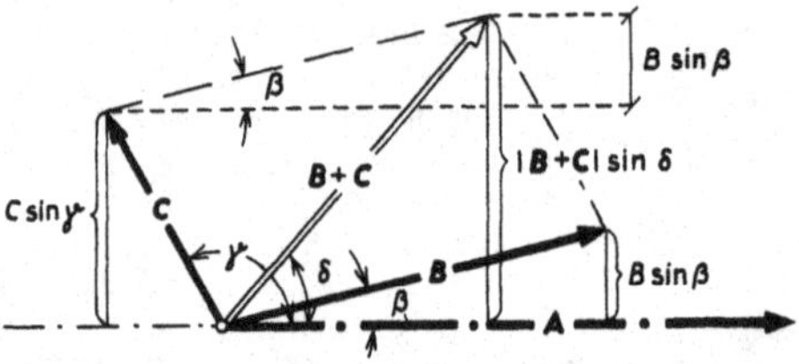

Abb. 58. Zur Distributivität des Vektorproduktes bei komplanaren Vektoren

Für den Fall, daß A, B und C komplanar sind, versagt der angeführte Beweis. Aber dafür haben die drei Vektorprodukte $A \times (B + C)$, $A \times B$ und $A \times C$ gleiche Richtung und gleichen Richtungssinn, so daß nur noch die Gleichheit der „Parallelogramm-Fläche" $|A \times (B + C)|$ mit der Summe $|A \times B| + |A \times C|$ bewiesen werden muß. Auch hier ist es zweckmäßig, überall durch A zu dividieren. Damit ist der Beweis auf den Beweis der „Höhen"-Beziehung

$$B \sin \beta + C \sin \gamma = |B + C| \sin \vartheta$$

reduziert. Diese aber geht aus der Abb. 58 unmittelbar hervor*).

Durch Multiplikation mit A folgt schließlich

$$A B \sin \beta + A C \sin \gamma = A\,|B + C| \sin \vartheta,$$

also die zu beweisende „Flächen"-Beziehung.

Die aufgezeigte Distributivität des Vektorproduktes gilt für beliebig viele Summanden, und zwar sowohl im ersten Faktor wie auch im zweiten. Man kommt zu dieser Verallgemeinerung, indem man zunächst mit zwei Summanden in einem Faktor beginnt, dann für einen dieser Summanden zwei neue substituiert usw. Man erhält dann z. B.

$$(a + b + c) \times (u + v) = (a \times u) + (a \times v) + (b \times u) + (b \times v) + (c \times u) + (c \times v).$$

Auch hierbei ist stets auf die Reihenfolge der Vektoren zu achten, während die Reihenfolge der Summanden beliebig ist.

4. Das Vektorprodukt zweier Vektoren ist unter Beachtung bestimmter Regeln in gewissem Sinne assoziativ gegenüber der skalaren Multiplikation mit einem dritten Vektor. Diese Art von Multiplikation, die als Ergebnis das sogenannte Spatprodukt (Volumenprodukt) ergibt, wird im folgenden Paragraphen behandelt werden. Wir geben hier die Gesetzmäßigkeit der Assoziativität zunächst ohne Beweis wieder:

*) Die Bezeichnungen „Flächen" und „Höhen" stehen unter Anführungszeichen, weil die aufgezeigte Distributivität ja nicht nur für Vektoren von der Dimension Länge, also nicht nur für gerichtete Strecken gilt, sondern für Vektoren aller Art. Die „Flächen" oder „Höhen" können demnach den verschiedensten physikalischen Größenarten entsprechen.

$$(A \times B) \cdot C = (B \times C) \cdot A = (C \times A) \cdot B .$$

Von Eigenschaften, die das Vektorprodukt nicht hat, sind drei erwähnenswert:

1. Das Vektorprodukt zweier Vektoren ist, wie schon gezeigt wurde, antikommutativ, infolgesessen fehlt ihm selbstverständlich die Eigenschaft der Kommutativität:

$$A \times B \neq B \times A, \text{ vielmehr } A \times B = -B \times A .$$

2. Das Vektorprodukt zweier Vektoren ist nicht assoziativ gegenüber der vektoriellen Multiplikation mit einem dritten Vektor:

$$A \times (B \times C) \neq B \times (C \times A) \neq C \times (A \times B) .$$

Diese Art von Produkten wird im folgenden Paragraphen besprochen werden. Sie lassen sich auf skalare Produkte zurückführen, und die Regel für diese Zurückführung wird meist als Entwicklungssatz bezeichnet. Wir stellen den Beweis für obige Behauptung bis zur Behandlung des Entwicklungssatzes zurück.

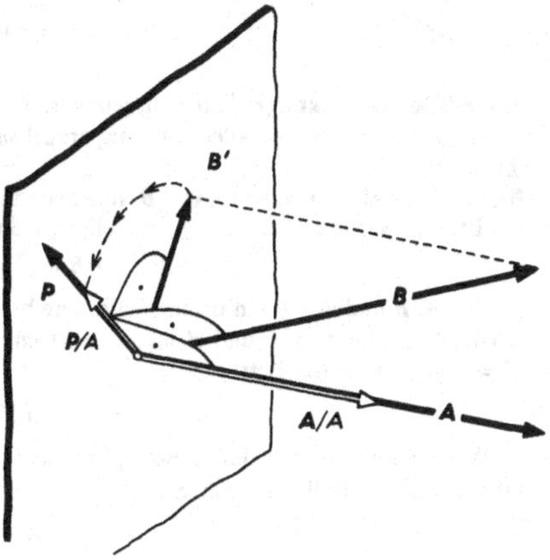

Abb. 59. Zusammenhänge beim Vektorprodukt

3. Eine Umkehroperation für das Vektorprodukt ist nicht definiert. Eine Gleichung von der Form

$$P = A \times B$$

läßt sich demnach weder nach A noch nach B auflösen. Aber ähnlich wie beim skalaren Produkt ist auch hier eine – ebenfalls wieder nicht erschöpfende – Aussage über den unbekannten Vektor (z. B. B) möglich. Denn der Betrag des Vektorproduktes P ist

$$P = AB \sin \vartheta = AB',$$

worin B' der Betrag der Projektion B' des Vektors B auf eine Ebene senkrecht zu A ist. Die der Abb. 56 analoge Abb. 59 zeigt dies deutlich. Somit läßt sich über den unbekannten Vektor B sagen, daß seine Projektion auf eine zu A senkrechte Ebene den Betrag P/A haben muß, und daß die Richtung dieser Projektion mit P einen rechten Winkel gemäß

Abb. 60 bildet. Unbestimmt bleibt dagegen die Komponente $\boldsymbol{B}_A$. Sind $\boldsymbol{A}$ und $\boldsymbol{B}$ Ortsvektoren, so liegen die Spitzen aller möglichen $\boldsymbol{B}$ auf einer – in Abb. 60 eingezeichneten – zu $\boldsymbol{A}$ parallelen Geraden.

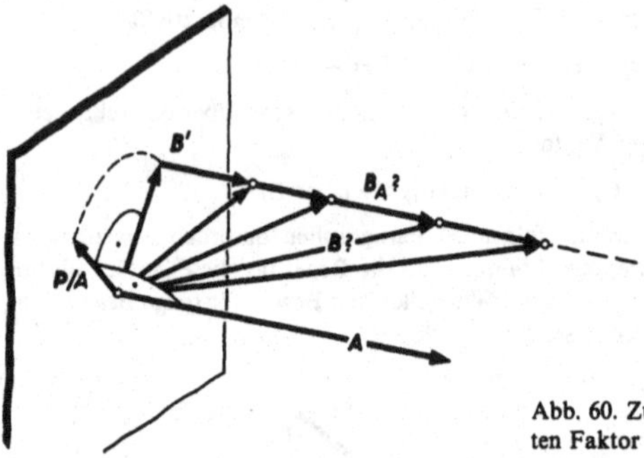

Abb. 60. Zur Aussage über einen unbekannten Faktor in einem Vektorprodukt

Sonderfälle von Vektorprodukten liegen vor, wenn beide als Faktoren auftretende Vektoren kollinear, also parallel bzw. antiparallel sind, oder wenn sie aufeinander senkrecht stehen.

Bei Orthogonalität z. B. von $\boldsymbol{A}$ und $\boldsymbol{B}$ ist der von ihnen eingeschlossene Winkel $\vartheta = 90°$, somit ist $\sin\vartheta = 1$, und der Betrag des Vektorproduktes nimmt den Wert

$$|\boldsymbol{A} \times \boldsymbol{B}| = AB \sin\vartheta = AB$$

an, wobei $\boldsymbol{A}$, $\boldsymbol{B}$ und $\boldsymbol{A} \times \boldsymbol{B}$ ein orthogonales Dreibein bilden.

Bei Kollinearität von $\boldsymbol{A}$ und $\boldsymbol{B}$ hingegen ist entweder $\vartheta = 0$ oder $\vartheta = 180°$, so daß $\sin\vartheta = 0$ und damit der Betrag

$$|\boldsymbol{A} \times \boldsymbol{B}| = AB \sin\vartheta = 0$$

wird. Weil aber ein Vektor, dessen Betrag verschwindet, auch als Vektor nicht mehr vorhanden ist, gilt im Fall der Kollinearität:

$$\boldsymbol{A} \times \boldsymbol{B} = \boldsymbol{0}.$$

Es leuchtet sofort ein, daß dann auch das Vektorprodukt eines Vektors mit sich selbst Null ist:

$$\boldsymbol{A} \times \boldsymbol{A} = 0$$

Aus der Tatsache, daß ein Vektorprodukt den Wert Null hat, folgt also nicht, daß mindestens einer der beiden Faktoren Null sein muß, es kann vielmehr auch sein, daß die beiden vektoriellen Faktoren kollinear, daß sie also linear voneinander abhängig sind.

Zwei Beispiele zu den Sonderfällen des Vektorproduktes

1. Unter welchen Bedingungen ist $\boldsymbol{A} \times \boldsymbol{B} = \boldsymbol{A} \times \boldsymbol{C}$?

Aus der gegebenen Gleichung folgt

$$(\boldsymbol{A} \times \boldsymbol{B}) - (\boldsymbol{A} \times \boldsymbol{C}) = 0,$$

woraus man wegen der Distributivität des Vektorproduktes $\boldsymbol{A}$ ausklammern kann:

$$\boldsymbol{A} \times (\boldsymbol{B} - \boldsymbol{C}) = 0.$$

Es gibt nun drei Möglichkeiten, diese Bedingung zu erfüllen:

a) $\boldsymbol{A} = 0$
b) $\boldsymbol{B} - \boldsymbol{C} = 0$, also $\boldsymbol{B} = \boldsymbol{C}$,
c) $\boldsymbol{A}$ kollinear mit $\boldsymbol{B} - \boldsymbol{C}$.

Sind $\boldsymbol{B}$ und $\boldsymbol{C}$ Ortsvektoren, so muß im Falle c) die Verbindungslinie ihrer Spitzen parallel zu $\boldsymbol{A}$ sein. Denn $\boldsymbol{B} - \boldsymbol{C}$ ist der Verbindungsvektor dieser Spitzen.

2. Der folgende Beweis des Satzes „Die Vektorsumme der Flächenvektoren eines (unregelmäßigen) Tetraeders ist Null, wenn man vereinbart, daß alle Flächenvektoren nach außen zeigen“ enthält den Sonderfall, daß ein Vektorprodukt eines Vektors mit sich selbst auftritt. Wir bringen deshalb den Beweis an dieser Stelle. Wenn drei Kanten des Tetraeders in Abb. 61 mit $\boldsymbol{a}$, $\boldsymbol{b}$ und $\boldsymbol{c}$ bezeichnet werden, dann sind die restlichen drei die Differenzvektoren $\boldsymbol{a} - \boldsymbol{b}$, $\boldsymbol{b} - \boldsymbol{c}$, $\boldsymbol{c} - \boldsymbol{a}$. Die Flächenvektoren der Dreiecksflächen sind dann

$$\boldsymbol{A}_1 = (\boldsymbol{a} \times \boldsymbol{b})/2,$$
$$\boldsymbol{A}_2 = (\boldsymbol{b} \times \boldsymbol{c})/2,$$
$$\boldsymbol{A}_3 = (\boldsymbol{c} \times \boldsymbol{a})/2,$$
$$\boldsymbol{A}_4 = [(\boldsymbol{a} - \boldsymbol{b}) \times (\boldsymbol{c} - \boldsymbol{a})]/2$$

Wir multiplizieren bei $\boldsymbol{A}_4$ aus:

$$\boldsymbol{A}_4 = [(\boldsymbol{a} \times \boldsymbol{c}) - (\boldsymbol{b} \times \boldsymbol{c}) - (\boldsymbol{a} \times \boldsymbol{a}) + (\boldsymbol{b} \times \boldsymbol{a})]/2,$$

berücksichtigen, daß

$$\boldsymbol{a} \times \boldsymbol{a} = 0$$

ist, und vertauschen unter gleichzeitiger Umkehr des Vorzeichens die Faktoren in der ersten und der letzten runden Klammer:

$$\boldsymbol{A}_4 = [-(\boldsymbol{c} \times \boldsymbol{a}) - (\boldsymbol{b} \times \boldsymbol{c}) - (\boldsymbol{a} \times \boldsymbol{b})]/2.$$

Die Addition $\boldsymbol{A}_1 + \boldsymbol{A}_2 + \boldsymbol{A}_3 + \boldsymbol{A}_4$ ergibt nun den zu beweisenden Wert Null.

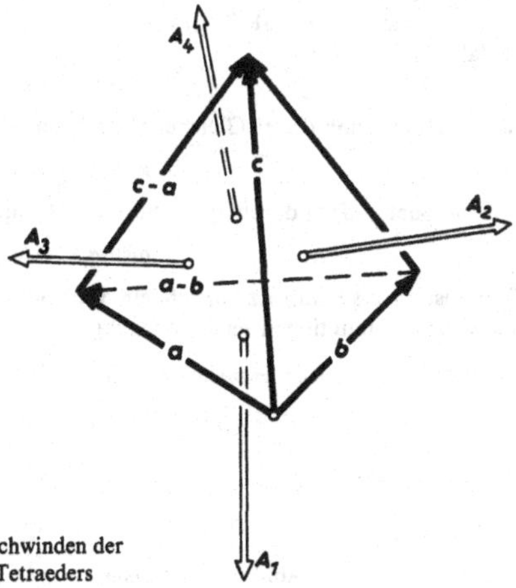

Abb. 61. Zum Beweis des Satzes vom Verschwinden der Vektorsumme der Flächenvektoren eines Tetraeders

Die Vektorprodukte der Koordinatenvektoren $\boldsymbol{i}, \boldsymbol{j}, \boldsymbol{k}$ ergeben wegen deren Orthogonalität

$$\boldsymbol{i} \times \boldsymbol{j} = \boldsymbol{k}; \quad \boldsymbol{j} \times \boldsymbol{k} = \boldsymbol{i}; \quad \boldsymbol{k} \times \boldsymbol{i} = \boldsymbol{j},$$

bzw. die entsprechenden negativen Werte, wenn die Reihenfolge der Faktoren vertauscht ist:

$$\boldsymbol{j} \times \boldsymbol{i} = -\boldsymbol{k}; \quad \boldsymbol{k} \times \boldsymbol{j} = -\boldsymbol{i}; \quad \boldsymbol{i} \times \boldsymbol{k} = -\boldsymbol{j}.$$

Wie bei allen Vektorprodukten aus Vektoren mit sich selbst, ist

$$\boldsymbol{i} \times \boldsymbol{i} = \boldsymbol{j} \times \boldsymbol{j} = \boldsymbol{k} \times \boldsymbol{k} = 0.$$

Die vektorielle Multiplikation eines Vektors mit einem Einsvektor ist Seite 39 bei der Distributivität des Vektorproduktes bereits behandelt worden.

2.9 Geometrische und physikalische Anwendungsbeispiele zum Vektorprodukt

Der Sinussatz der ebenen Trigonometrie. Im Dreieck Abb. 62 ist

$$\boldsymbol{a} + \boldsymbol{b} + \boldsymbol{c} = 0.$$

Das ergibt nach vektorieller Multiplikation mit $\boldsymbol{a}$

$$(\boldsymbol{b} \times \boldsymbol{a}) + (\boldsymbol{c} \times \boldsymbol{a}) = 0$$

oder

$$\boldsymbol{b} \times \boldsymbol{a} = \boldsymbol{a} \times \boldsymbol{c}.$$

Da bei Gleichheit der beiden Vektoren $(\boldsymbol{b} \times \boldsymbol{a})$ und $(\boldsymbol{a} \times \boldsymbol{c})$ deren Beträge gleich sein müssen, folgt

$$ab \sin\gamma' = ac \sin\beta',$$

bzw. nach Kürzen durch a

$$b \sin\gamma' = c \sin\beta'.$$

Die Winkel γ' und β' sind die Außenwinkel

$$\gamma' = 180° - \gamma \quad \text{und} \quad \beta' = 180° - \beta,$$

ihre Sinusse sind

$$\sin\beta' = \sin(180° - \gamma) = \sin\gamma \quad \text{und} \quad \sin\beta' = \sin 180° - \beta = \sin\beta,$$

so daß

$$b \sin\gamma = c \sin\beta$$

ist. Durch Division dieser Gleichung durch $\sin\beta \sin\gamma$ ergibt sich schließlich

$$b/\sin\beta = c/\sin\gamma.$$

Analog (oder einfach durch zyklische Vertauschung) erhält man auch

$$a/\sin\alpha = b/\sin\beta.$$

Damit ist die als Sinussatz bezeichnete Abhängigkeit zwischen den Seiten eines Dreiecks und den Sinusfunktionen seiner Winkel gewonnen:

$$a/\sin\alpha = b/\sin\beta = c/\sin\gamma.$$

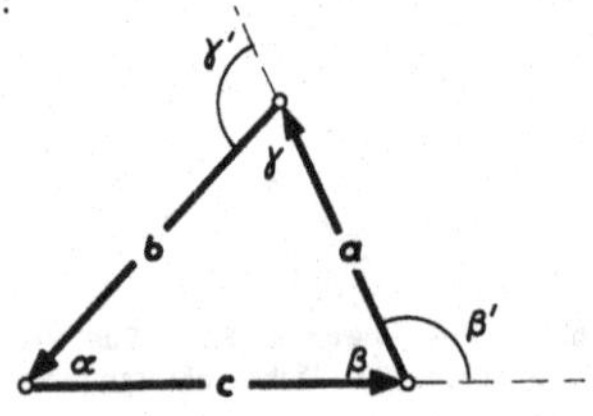

Abb. 62. Zum Sinussatz

Der Abstand zweier Geraden. Die zu den Punkten einer Geraden g führenden Ortsvektoren können dargestellt werden als

$$\boldsymbol{r} = \boldsymbol{a} + \lambda \boldsymbol{p},$$

worin $\boldsymbol{a}$ irgendein (konstanter) Ortsvektor eines Punktes der Geraden ist, $\boldsymbol{p}$ ein konstanter, mit der Geraden kollinearer Vektor und λ ein skalarer Parameter, der für jeden Punkt P der Geraden einen anderen Wert hat (Abb. 63). Die Gleichung für $\boldsymbol{r}$ bezeichnet man kurz als die Gleichung der Geraden.

Sind nun

$$\boldsymbol{r}_1 = \boldsymbol{a} + \lambda \boldsymbol{p} \quad \text{und} \quad \boldsymbol{r}_2 = \boldsymbol{b} + \mu \boldsymbol{q}$$

die Gleichungen zweier windschiefer Geraden, so läßt sich deren kürzester Abstand d wie folgt berechnen. Faßt man ihn als Vektor $\boldsymbol{d}$ auf, so ist er zweifellos die Differenz zweier Ortsvektoren $\boldsymbol{r}_1$ und $\boldsymbol{r}_2$, also

$$\boldsymbol{d} = \boldsymbol{r}_2 - \boldsymbol{r}_1 = \boldsymbol{b} + \mu \boldsymbol{q} - \boldsymbol{a} - \lambda \boldsymbol{p}.$$

Außerdem steht $\boldsymbol{d}$ senkrecht auf beiden Geraden, also senkrecht auf den zu ihnen kollinearen Vektoren $\boldsymbol{p}$ und $\boldsymbol{q}$. Der Vektor $\boldsymbol{d}$ ist demnach proportional dem Vektorprodukt $\boldsymbol{p} \times \boldsymbol{q}$, das ja ebenfalls zu beiden Geraden orthogonal ist:

$$\boldsymbol{d} = c(\boldsymbol{p} \times \boldsymbol{q}) = c\,\boldsymbol{v} \qquad \text{(wobei } \boldsymbol{p} \times \boldsymbol{q} = \boldsymbol{v} \text{ gesetzt wurde).}$$

Den skalaren Proportionalitätsfaktor c findet man, indem man für beide Ausdrücke für $\boldsymbol{d}$ das skalare Produkt mit $\boldsymbol{v}(= \boldsymbol{p} \times \boldsymbol{q})$ bildet. Damit wird das Skalarprodukt $\boldsymbol{d} \cdot \boldsymbol{v}$ wegen der Orthogonalität von $\boldsymbol{v}$ zu $\boldsymbol{p}$ und $\boldsymbol{q}$ einerseits

$$\boldsymbol{d} \cdot \boldsymbol{v} = (\boldsymbol{b} + \mu \boldsymbol{q} - \boldsymbol{a} - \lambda \boldsymbol{p}) \cdot \boldsymbol{v} = (\boldsymbol{b} - \boldsymbol{a}) \cdot \boldsymbol{v},$$

andererseits ist es auch

$$\boldsymbol{d} \cdot \boldsymbol{v} = c\,\boldsymbol{v} \cdot \boldsymbol{v} = c v^2.$$

Gleichsetzen beider Ausdrücke liefert sofort

$$c = \frac{(\boldsymbol{b} - \boldsymbol{a}) \cdot \boldsymbol{v}}{v^2},$$

was im zweiten Ausdruck für $\boldsymbol{d}$ eingesetzt

$$\boldsymbol{d} = c\,\boldsymbol{v} = \left\{\frac{(\boldsymbol{b} - \boldsymbol{a}) \cdot \boldsymbol{v}}{v}\right\} \frac{\boldsymbol{v}}{v}$$

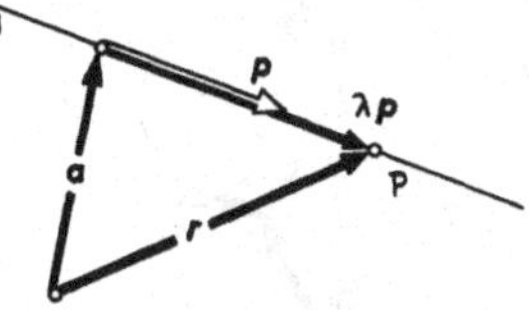

Abb. 63. Zur Gleichung der Geraden

ergibt. Da $\boldsymbol{v}/v$ ein Einsvektor ist, ergibt sich der Betrag von $\boldsymbol{d}$ schließlich zu

$$d = \frac{(\boldsymbol{b} - \boldsymbol{a}) \cdot \boldsymbol{v}}{v} = \frac{(\boldsymbol{b} - \boldsymbol{a}) \cdot (\boldsymbol{p} \times \boldsymbol{q})}{|\boldsymbol{p} \times \boldsymbol{q}|}.$$

Der infinitesimale Winkel. Beschreibt ein Punkt eine Kreisbahn mit dem Radius r, so läßt sich das infinitesimale Wegelement $\vec{\mathrm{d}s}$ ($= \mathrm{d}\,\boldsymbol{r}$) als Vektor auffassen (Abb. 64a). Auch der Radius $\boldsymbol{r}$ kann als Vektor aufgefaßt werden. Seine Richtungsänderung bei der verschwindend kleinen Drehung $\mathrm{d}\varphi$ ist ebenfalls verschwindend klein. Legt man dem Winkelelement die Definition

$$\mathrm{d}\varphi = \mathrm{d}s/r$$

zugrunde (Bogenmaß), so ist der Betrag des Wegelementes

$$\mathrm{d}s = \mathrm{d}\varphi\, r.$$

Wegen der Orthogonalität von $\overrightarrow{\mathrm{d}s}$ und $\boldsymbol{r}$ läßt sich dies auch vektoriell schreiben, wenn man $\overrightarrow{\mathrm{d}\varphi}$ als achsialen Vektor in Richtung der Drehachse interpretiert. Dann gilt (Abb. 64b)

$$\overrightarrow{\mathrm{d}s} = \overrightarrow{\mathrm{d}\varphi} \times \boldsymbol{r}.$$

Dieser vektorielle Zusammenhang zwischen Wegelement $\overrightarrow{\mathrm{d}s}$ und Winkelelement $\overrightarrow{\mathrm{d}\varphi}$ ist im übrigen nicht darauf beschränkt, daß $\boldsymbol{r}$ den Radius der Kreisbahn darstellt, deren Element $\overrightarrow{\mathrm{d}s}$ ist. Sie ist auch dann gültig, wenn $\boldsymbol{r}$ irgendein Verbindungsvektor zwischen der Drehachse und dem Wegelement $\mathrm{d}s$ ist (Abb. 64c). Denn in diesem Fall gilt für den Betrag

$$\mathrm{d}s = \mathrm{d}\varphi\, r \sin\alpha = |\overrightarrow{\mathrm{d}\varphi} \times \boldsymbol{r}|,$$

und $\overrightarrow{\mathrm{d}s}$ ist ebenfalls orthogonal zu $\overrightarrow{\mathrm{d}\varphi}$ und $\boldsymbol{r}$.

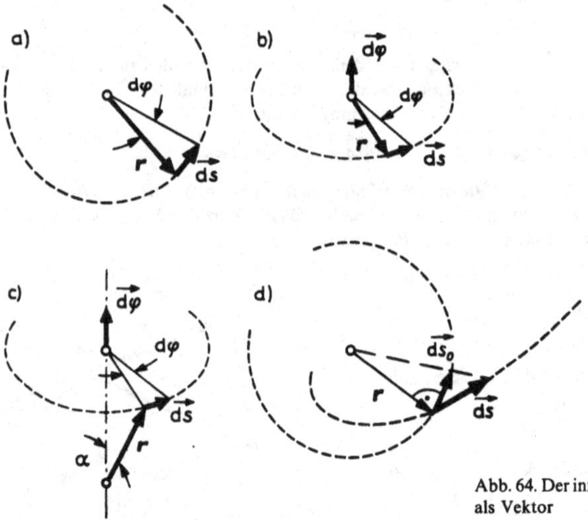

Abb. 64. Der infinitesimale Winkel als Vektor

Die Definition des infinitesimalen Winkels ist gleichfalls durch ein Vektorprodukt möglich. Man geht hierzu von der erweiterten Definitiónsformel

$$\mathrm{d}\varphi = \frac{\mathrm{d}s}{r} = \frac{r\,\mathrm{d}s}{r^2}$$

aus, in der r den Radius der Kreisbahn bildet. Da die Vektoren $\boldsymbol{r}$, $\overrightarrow{\mathrm{d}s}$ und $\overrightarrow{\mathrm{d}\varphi}$ ein orthogonales Dreibein bilden, wird ihr Zusammenhang durch die Vektorgleichung

$$\overrightarrow{\mathrm{d}\varphi} = \frac{\boldsymbol{r} \times \overrightarrow{\mathrm{d}s}}{r^2}$$

wiedergegeben. Auch diese Formel ist einer Verallgemeinerung fähig: Sie gilt auch für Wegelemente $\overrightarrow{\mathrm{d}s}$, die *nicht* Teile eines Kreises um den Ausgangspunkt von $\boldsymbol{r}$ sind. Abb. 64d macht dies deutlich. Die beiden Vektorprodukte $\boldsymbol{r} \times \overrightarrow{\mathrm{d}s}$ und $\boldsymbol{r} \times \overrightarrow{\mathrm{d}s_0}$ sind gleich!

Es sei jedoch ausdrücklich betont, daß nur der *infinitesimale* Winkel als Vektor darstellbar ist. Daß z. B. das Additionsgesetz für endliche Winkel nicht gilt, wurde bereits Seite 2 gezeigt. Aber auch die Definition

$$\mathrm{d}\varphi = \frac{\boldsymbol{r} \times \overrightarrow{\mathrm{d}s}}{r^2}$$

verlöre ihren Sinn, wollte man sie auf endliche Winkel anwenden. Dann müßte nämlich an die Stelle des infinitesimalen Bogens $\mathrm{d}s$ ein endlicher Bogen s treten, der als gekrümmte Linie kein Vektor sein kann.

Der Beweis, daß der infinitesimale Winkel – im Gegensatz zum endlichen Winkel – die Forderung nach vektorieller Addierbarkeit erfüllt, wird auf Seite 63 gebracht werden.

Die magnetische Kraft auf eine bewegte elektrische Punktladung. Bewegt sich eine elektrische Punktladung Q in einem Magnetfeld, das am Ort der Ladung die Feldstärke $\boldsymbol{H}$ hat, mit der Geschwindigkeit $\boldsymbol{v}$, so wirkt auf die Ladung eine Kraft $\boldsymbol{F}$, die senkrecht zu $\boldsymbol{v}$ und $\boldsymbol{H}$ gerichtet ist. Die Vektoren $\boldsymbol{v}$, $\boldsymbol{H}$ und $\boldsymbol{F}$ bilden in der angegebenen Reihenfolge ein Rechtssystem. Der Betrag F ist dabei proportional den Beträgen Q, v, H und dem Sinus des Winkels zwischen $\boldsymbol{v}$ und $\boldsymbol{H}$. Dies berechtigt dazu, die Kraft $\boldsymbol{F}$ dem Vektorprodukt $\boldsymbol{v} \times \boldsymbol{H}$ proportional zu setzen:

$$\boldsymbol{F} = \mathrm{prop}\, Q(\boldsymbol{v} \times \boldsymbol{H}).$$

Der Proportionalitätsfaktor hängt von dem Medium ab, in dem die Bewegung stattfindet, und vom Begriffsystem, das man der Beschreibung der elektrodynamischen Vorgänge zugrundelegt *). Im weit verbreiteten MKSA-Maßsystem bzw. im entsprechenden Begriffsystem wird über den Proportionalitätsfaktor so verfügt, daß man ihn bei Bewegungen im Vakuum gleich

$$\mu = \mu_0 = 4\pi \cdot 10^{-7}\,\mathrm{Vs/Am} \quad \text{(„Induktionskonstante“)}$$

setzt, woraus sich dann Definition und Meßvorschriften für $\boldsymbol{H}$ zwangsläufig ergeben. Darüber hinaus faßt man das Produkt $\mu \boldsymbol{H}$ zum Vektor $\boldsymbol{B}$ (Kraftflußdichte, Induktion) zusammen. Somit folgt für die Kraft

$$\boldsymbol{F} = Q(\boldsymbol{v} \times \boldsymbol{B}).$$

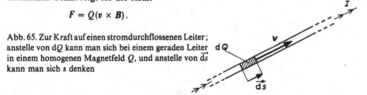

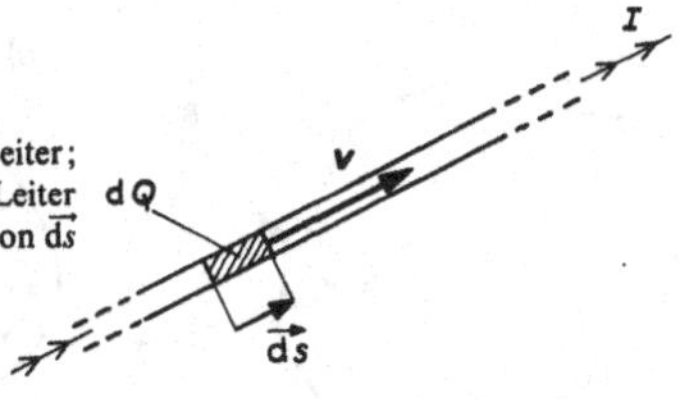

Abb. 65. Zur Kraft auf einen stromdurchflossenen Leiter; anstelle von $\mathrm{d}Q$ kann man sich bei einem geraden Leiter in einem homogenen Magnetfeld Q, und anstelle von $\overrightarrow{\mathrm{d}s}$ kann man sich $\boldsymbol{s}$ denken

Die Kraft auf einen stromdurchflossenen Leiter. Aus der Gesetzmäßigkeit

$$\boldsymbol{F} = Q\,\boldsymbol{v} \times \boldsymbol{B}$$

für die bewegte Punktladung läßt sich leicht die magnetische Kraft $\boldsymbol{F}$ berechnen, die auf ein vom elektrischen Strom I durchflossenes gerades Stück $\boldsymbol{s}$ eines unendlich dünnen Leiters wirkt, das sich in einem homogenen Magnetfeld mit der Kraftflußdichte $\boldsymbol{B}$ befindet (Abb. 65). Die im Leiterstück in Bewegung befindliche Ladung sei Q, ihre Driftgeschwindigkeit sei $\boldsymbol{v} = \boldsymbol{s}/t$. Für die auf Q wirksame Kraft $\boldsymbol{F}$ erhalten wir

*) Die obigen Betrachtungen gelten nur für isotrope Medien, d. h. für Medien, in denen die Richtungen gleichwertig sind.

$$F = Q v \times B = \frac{Q s}{t} \times B .$$

Weil nun $Q/t = I$ (Stromstärke) ist, folgt schließlich

$$F = I s \times B .$$

Diese Formel läßt sich auf nicht geradlinige Leiter und auf inhomogene Felder verallgemeinern. Betrachtet man nämlich ein infinitesimales Leiterstück $\overrightarrow{ds}$, so darf an seiner Stelle das Feld als homogen angenommen werden. Somit gilt obige Formel für die auf dieses infinitesimale Leiterstück ausgeübte (infinitesimale) Kraft dF:

$$\mathrm{d} F = I \overrightarrow{\mathrm{d}s} \times B .$$

Das Drehmoment einer Kraft. Das Drehmoment einer Kraft stellt ein besonders häufig vorkommendes Beispiel für ein Vektorprodukt dar. Wirkt im vektoriellen Abstand r vom Drehpunkt O eines starren Körpers eine Kraft F, so ist ihre Wirksamkeit bezüglich der Drehung des Körpers proportional ihrem Betrage F, dem Abstand r ihres Angriffspunktes vom Drehpunkt und dem Sinus des Winkels ϑ zwischen r und F (Abb. 66a). Die Drehwirksamkeit hat darüber hinaus einen Richtungs-Charakter, denn sie legt ja eine Drehachse fest. Dieser Richtungs-Charakter läßt sich durch einen Vektor in Richtung der Drehachse wiedergeben. Läßt man nämlich zwei (oder mehrere) Kräfte am starren Körper angreifen, so kann man diese Kräfte durch ihre Resultierende ersetzen. Ordnet man der Drehwirkung dieser Resultierenden einen Vektorpfeil wie für die Drehwirkung jeder einzelnen Kraft zu, so ist er die Vektorsumme der Pfeile, die den Drehwirkungen der einzelnen Kräfte entsprechen. Die Drehwirksamkeit gehorcht also neben ihrem Richtungs-Charakter dem Additionsgesetz für Vektoren, sie ist also eine vektorielle Größe. Man nennt sie Drehmoment M und definiert sie durch

$$M = r \times F ,$$

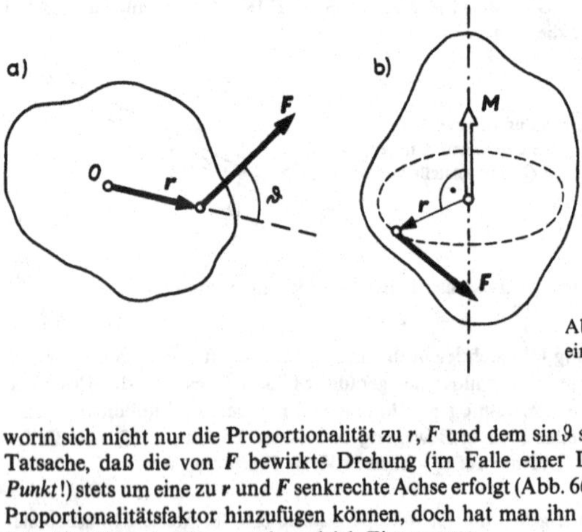

Abb. 66. Zum Drehmoment einer Kraft

worin sich nicht nur die Proportionalität zu r, F und dem $\sin\vartheta$ spiegelt, sondern auch die Tatsache, daß die von F bewirkte Drehung (im Falle einer Drehung um einen festen *Punkt*!) stets um eine zu r und F senkrechte Achse erfolgt (Abb. 66b). Man hätte auch einen Proportionalitätsfaktor hinzufügen können, doch hat man ihn aus Gründen, auf die wir Seite 84 näher eingehen werden, gleich Eins gesetzt.

Das Drehmoment eines Kräftepaares. Angenommen, es greifen die gleich großen, antiparallelen Kräfte $\boldsymbol{F}$ und $-\boldsymbol{F}$ an einem starren Körper an (Abb. 67). In bezug auf einen beliebigen Drehpunkt O sind ihre Drehmomente $\boldsymbol{r}_1 \times \boldsymbol{F}$ bzw. $\boldsymbol{r}_2 \times (-\boldsymbol{F})$. Das resultierende Drehmoment ist daher

$$\boldsymbol{M} = \boldsymbol{r}_1 \times \boldsymbol{F} - \boldsymbol{r}_2 \times \boldsymbol{F} = (\boldsymbol{r}_1 - \boldsymbol{r}_2) \times \boldsymbol{F}.$$

Der Drehmomentvektor $\boldsymbol{M}$ ist nicht nur orthogonal zu $\boldsymbol{F}$ und $(\boldsymbol{r}_1 - \boldsymbol{r}_2)$, sondern auch zum Vektor $\boldsymbol{a}$, der den senkrechten Abstand von $-\boldsymbol{F}$ zu $\boldsymbol{F}$ darstellt (Abb. 67a). Der Betrag von $\boldsymbol{M}$ ist

$$M = |\boldsymbol{r}_1 - \boldsymbol{r}_2| F \sin\vartheta = aF,$$

denn $|\boldsymbol{r}_1 - \boldsymbol{r}_2| \sin\vartheta$ ist ja der Abstand a. Somit läßt sich das Drehmoment eines Kräftepaares stets ausdrücken durch

$$\boldsymbol{M} = \boldsymbol{a} \times \boldsymbol{F},$$

gleichgültig auf welchen Drehpunkt man es bezieht. An die Stelle des senkrechten Abstandes $\boldsymbol{a}$ kann schließlich jeder beliebige Vektor $\boldsymbol{l}$ treten, der auf der Wirkungslinie von $-\boldsymbol{F}$ beginnt und auf der von $+\boldsymbol{F}$ endet:

$$\boldsymbol{M} = \boldsymbol{l} \times \boldsymbol{F}.$$

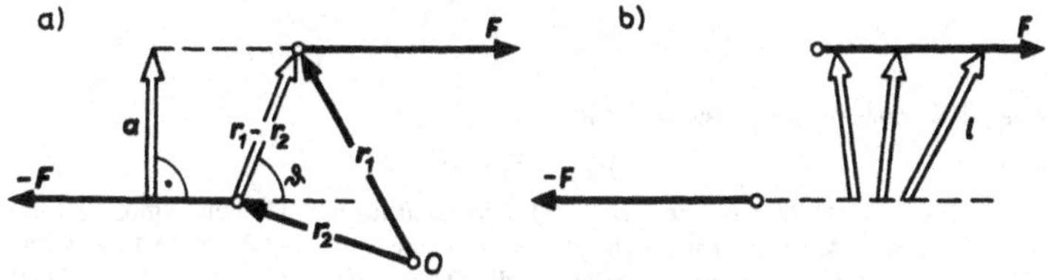

Abb. 67. Zum Drehmoment eines Kräftepaares

2.10 Die Komponentendarstellung des Vektorproduktes

Um $\boldsymbol{A} \times \boldsymbol{B}$ in kartesischen Koordinaten darzustellen, substituiert man

$$\boldsymbol{A} = A_x \boldsymbol{i} + A_y \boldsymbol{j} + A_z \boldsymbol{k}$$
$$\boldsymbol{B} = B_x \boldsymbol{i} + B_y \boldsymbol{j} + B_z \boldsymbol{k}$$

und erhält

$$\begin{aligned}\boldsymbol{A} \times \boldsymbol{B} = {} & A_x B_x (\boldsymbol{i} \times \boldsymbol{i}) + A_x B_y (\boldsymbol{i} \times \boldsymbol{j}) + A_x B_z (\boldsymbol{i} \times \boldsymbol{k}) + \\ & + A_y B_x (\boldsymbol{j} \times \boldsymbol{i}) + A_y B_y (\boldsymbol{j} \times \boldsymbol{j}) + A_y B_z (\boldsymbol{j} \times \boldsymbol{k}) + \\ & + A_z B_x (\boldsymbol{k} \times \boldsymbol{i}) + A_z B_y (\boldsymbol{k} \times \boldsymbol{j}) + A_z B_z (\boldsymbol{k} \times \boldsymbol{k}).\end{aligned}$$

Unter Berücksichtigung, daß

$$\boldsymbol{i} \times \boldsymbol{i} = \boldsymbol{j} \times \boldsymbol{j} = \boldsymbol{k} \times \boldsymbol{k} = 0,$$

und

$$\begin{aligned}\boldsymbol{i} \times \boldsymbol{j} &= -(\boldsymbol{j} \times \boldsymbol{i}) = \boldsymbol{k}, \\ \boldsymbol{j} \times \boldsymbol{k} &= -(\boldsymbol{k} \times \boldsymbol{j}) = \boldsymbol{i}, \\ \boldsymbol{k} \times \boldsymbol{i} &= -(\boldsymbol{i} \times \boldsymbol{k}) = \boldsymbol{j}\end{aligned}$$

ist, vereinfacht sich das Ergebnis zu

$$\boldsymbol{A} \times \boldsymbol{B} = A_x B_y \boldsymbol{k} - A_x B_z \boldsymbol{j} - A_y B_x \boldsymbol{k} + A_y B_z \boldsymbol{i} + A_z B_x \boldsymbol{j} - A_z B_y \boldsymbol{i}\,.$$

Faßt man nach ***i***, ***j*** und ***k*** zusammen, so folgt für das

■ Vektorprodukt in kartesischen Koordinaten:

$$\boldsymbol{A} \times \boldsymbol{B} = (A_y B_z - A_z B_y)\boldsymbol{i} + (A_z B_x - A_x B_z)\boldsymbol{j} + (A_x B_y - A_y B_x)\boldsymbol{k} \qquad [19\text{a}]$$

Der Ausdruck läßt sich auch als Determinante darstellen:

■ Vektorprodukt in kartesischen Koordinaten:

$$\boldsymbol{A} \times \boldsymbol{B} = \begin{vmatrix} \boldsymbol{i} & \boldsymbol{j} & \boldsymbol{k} \\ A_x & A_y & A_z \\ B_x & B_y & B_z \end{vmatrix} \qquad [19\text{b}]$$

Die Ausrechnung dieser Determinante führt genau auf den Ausdruck [19a]. Die x-, y-, z-Komponenten von $\boldsymbol{A} \times \boldsymbol{B}$ erscheinen als die Unterdeterminanten nach ***i***, ***j***, ***k***.

Um ein Beispiel für die Berechnung eines Vektorproduktes in kartesischen Koordinaten zu bringen, berechnen wir die *Komponenten eines Drehmomentenvektors* $\boldsymbol{M} = \boldsymbol{r} \times \boldsymbol{F}$. Zu diesem Zweck legen wir den Ursprung des Koordinatensystems an den Anfangspunkt von $\boldsymbol{r}$. Die Komponenten von $\boldsymbol{r}$ sind dann x, y, z, die von $\boldsymbol{F}$ nennen wir F_x, F_y, F_z. Dann ist gemäß [19b]

$$\boldsymbol{M} = \begin{vmatrix} \boldsymbol{i} & \boldsymbol{j} & \boldsymbol{k} \\ x & y & z \\ F_x & F_y & F_z \end{vmatrix}.$$

Die x-Komponente beispielsweise ist somit

$$M_x = yF_z - zF_y\,.$$

Diese Komponente können wir auch als Drehmoment für eine Drehung um die als fest angenommene x-Achse interpretieren. Abb. 68 zeigt eine Ansicht in Richtung der x-Achse. Die Kraftkomponenten F_y und F_z bewirken die Drehmomente yF_z und zF_y, von denen das erstere rechts herum, das letztere links herum zu drehen bemüht ist. Das gesamte Drehmoment um die x-Achse hat somit den Betrag

$$M_x = yF_x - zF_y\,,$$

wie wir ihn auch schon aufgrund der Formel für das Vektorprodukt gefunden hatten. Analoges gilt für die Komponenten M_y und M_z.

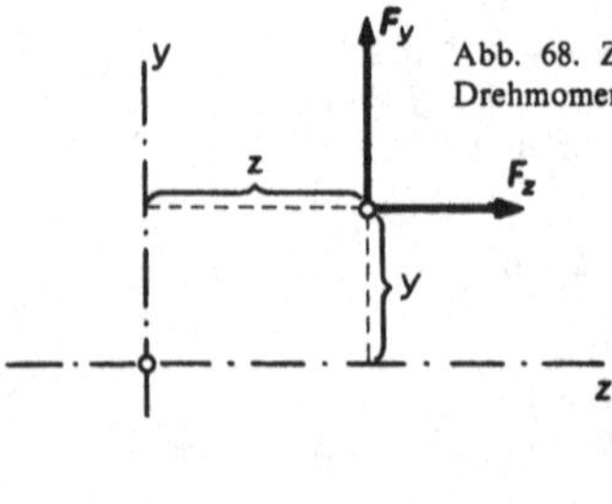

Abb. 68. Zur x-Komponente eines Drehmomentes

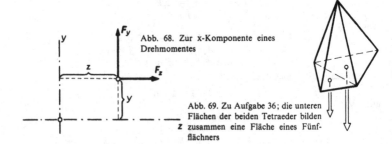

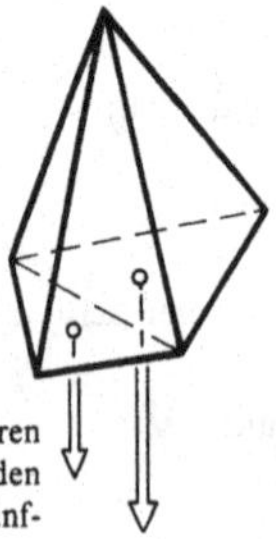

Abb. 69. Zu Aufgabe 36; die unteren Flächen der beiden Tetraeder bilden zusammen eine Fläche eines Fünfflächners

2.11 Übungsaufgaben zum Vektorprodukt und zum dyadischen Produkt

35. Wie groß ist die Summe der nach außen gerichteten Flächenvektoren eines Polyeders? Man gehe von dem auf Seite 43 bewiesenen Satz aus, daß die Summe der Flächenvektoren bei einem Tetraeder Null ist. Durch Hinzufügen eines weiteren Tetraeders gemäß Abb. 69 schließe man auf die bei einem Fünfflächner vorliegenden Verhältnisse und führe dieses Verfahren fort durch die Schlußweise von n auf $n + 1$ Polyederseiten.
36. Es ist durch Vektorrechnung zu zeigen, daß

$$(\boldsymbol{A} + \boldsymbol{B}) \times (\boldsymbol{A} - \boldsymbol{B}) = 2(\boldsymbol{B} \times \boldsymbol{A})$$

ist. (Dies ist die vektoriell geschriebene Aussage des Satzes: „Das aus den Diagonalen eines Parallelogramms gebildete Parallelogramm hat den doppelten Flächeninhalt wie das Parallelogramm selbst").

37. Welcher Determinantenregel entspricht die Aussage

$$\text{a)}\ \boldsymbol{A} \times \boldsymbol{A} = 0,$$
$$\text{b)}\ \boldsymbol{A} \times \boldsymbol{B} = -(\boldsymbol{B} \times \boldsymbol{A})?$$

38. Man berechne

$$\text{a)}\ \boldsymbol{i} \times (2\boldsymbol{j} - \boldsymbol{k})$$
$$\text{b)}\ (3\boldsymbol{j} - 2\boldsymbol{k}) \times (\boldsymbol{j} + \boldsymbol{k})$$
$$\text{c)}\ (\boldsymbol{j} - 4\boldsymbol{i}) \times (\boldsymbol{i} + \boldsymbol{j} + 3\boldsymbol{k}).$$

39. Wie groß ist die Fläche eines Dreiecks, zu dessen Eckpunkten folgende Ortsvektoren führen:

$$\boldsymbol{r}_a = \boldsymbol{i} + \boldsymbol{j} + \boldsymbol{k};$$
$$\boldsymbol{r}_b = 5\boldsymbol{i} + \boldsymbol{j} + \boldsymbol{k};$$
$$\boldsymbol{r}_c = 2\boldsymbol{i} - 2\boldsymbol{j} + 5\boldsymbol{k}.$$

40. Der Ausdruck für den Einsvektor $\boldsymbol{n}$, der auf der aus $\boldsymbol{A} = 6\boldsymbol{i} - 2\boldsymbol{j} + 3\boldsymbol{k}$ und $\boldsymbol{B} = -3\boldsymbol{i} - 4\boldsymbol{j} + \boldsymbol{k}$ gebildeten Ebene senkrecht steht, ist anzugeben.
41. Der Vektor $\boldsymbol{V}$ werde auf den Vektor $\boldsymbol{A}$ projiziert.
    a) Durch welchen Operator läßt sich der Übergang von $\boldsymbol{V}$ auf die Projektion $\boldsymbol{V}_A$ darstellen?
    b) Der Ausdruck für $\boldsymbol{V}_A$ ist anzugeben.
42. Man gebe den Projektionsoperator zu Aufgabe 41 für den Vektor

$$\boldsymbol{A} = -\boldsymbol{i} + 3\boldsymbol{k}$$

in Komponentendarstellung an und ermittle die Projektion $\boldsymbol{V}_A$ für den Vektor

$$\boldsymbol{V} = \tfrac{10}{3}\boldsymbol{j} + \tfrac{5}{3}\boldsymbol{k}.$$

43. Man berechne zunächst $\boldsymbol{A}\boldsymbol{B}$, sodann $\boldsymbol{A}\boldsymbol{B} \cdot \boldsymbol{C}$ und $\boldsymbol{C} \cdot \boldsymbol{A}\boldsymbol{B}$ für die Vektoren

$$\boldsymbol{A} = \boldsymbol{i} + \boldsymbol{j} + 2\boldsymbol{k}$$
$$\boldsymbol{B} = 2\boldsymbol{j} - \boldsymbol{k}$$
$$\boldsymbol{C} = 3\boldsymbol{j}.$$

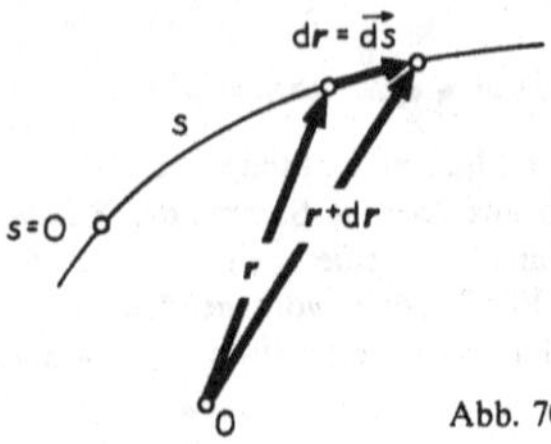

Abb. 70. Zur Geschwindigkeit eines bewegten Punktes

§ 3. Die Differentiation von Vektoren nach Skalaren

3.1 Die Definition des Differentialquotienten eines Vektors nach einem Skalar

Der Differentialquotient als Grenzwert. Man kann einen Vektor mit einem Skalar multiplizieren und durch einen Skalar dividieren. Ein solcher Skalar ist beispielsweise die Zeit, bzw. eine Zeitspanne, die wir mit Δt bezeichnen wollen. Die Änderung $\Delta \boldsymbol{A}$ eines zeitabhängigen Vektors $\boldsymbol{A} = \boldsymbol{A}(t)$ während einer Zeitspanne Δt ist die Differenz der beiden Vektoren $\boldsymbol{A}(t + \Delta t)$ und $\boldsymbol{A}(t)$:

$$\Delta \boldsymbol{A} = \boldsymbol{A}(t + \Delta t) - \boldsymbol{A}(t),$$

und als solche selbst ein Vektor. Eine Division durch Δt ist zulässig. Bildet man nun den Grenzübergang für verschwindendes Δt, so bezeichnet man den so entstehenden Grenzwert als den Differentialquotienten $\mathrm{d}\boldsymbol{A}/\mathrm{d}t$. Somit gilt als

■ Definition der Differentiation eines Vektors nach einem Skalar:

$$\frac{\mathrm{d}\boldsymbol{A}}{\mathrm{d}t} = \lim_{\Delta t \to 0} \frac{\boldsymbol{A}(t + \Delta t) - \boldsymbol{A}(t)}{\Delta t} = \lim_{\Delta t \to 0} \frac{\Delta \boldsymbol{A}}{\Delta t} \qquad [20]$$

Der Differentialquotient $\mathrm{d}\boldsymbol{A}/\mathrm{d}t$ ist ein Vektor.

Die skalare Größe t braucht natürlich nicht unbedingt eine Zeit zu sein.

Ein Beispiel: Der Geschwindigkeitsvektor. Ein Punkt bewege sich längs einer Kurve gemäß Abb. 70. Zu irgendeinem Zeitpunkt sei der Fahrstrahl (Ortsvektor) $\boldsymbol{r}$. Während der infinitesimalen Zeitspanne $\mathrm{d}t$ ändert sich der Fahrstrahl um den infinitesimalen Vektor $\mathrm{d}\boldsymbol{r}$, so daß er nach Ablauf von $\mathrm{d}t$ den Wert $\boldsymbol{r} + \mathrm{d}\boldsymbol{r}$ hat. Das Differential $\mathrm{d}\boldsymbol{r}$ ist dabei von der Lage des Koordinatenursprungs unabhängig.

Der Betrag $|\mathrm{d}\boldsymbol{r}|$ dieses Differentials $\mathrm{d}\boldsymbol{r}$ ist dabei die differentielle Bogenlänge $\mathrm{d}s$ der Bahnkurve. Wir hatten es schon früher (Seite 45) mit differentiellen Bogenlängen zu tun gehabt und wir hatten festgestellt, daß sie als Vektoren angesehen werden dürfen. Da jedoch die Bogenlänge s im allgemeinen *kein* Vektor ist, hatten wir den Vektorcharakter des Differentials durch einen Pfeil hervorgehoben, der über d und s darübergesetzt wurde, also durch $\overrightarrow{\mathrm{d}s}$.

Wir unterscheiden also:

s ... Bogenlänge; kein Vektor,
$\mathrm{d}s$ ... Differential von s; kein Vektor,
$\overrightarrow{\mathrm{d}s}$ ... vektoriell genommenes Differential $\mathrm{d}s$; Vektor!

Und

$\boldsymbol{r}$ ... Fahrstrahl (Ortsvektor); Vektor,
$\mathrm{d}\boldsymbol{r}$ ... Differential von $\boldsymbol{r}$; Vektor,
$|\mathrm{d}\boldsymbol{r}|$ ... Betrag des Differentials $\mathrm{d}\boldsymbol{r}$; kein Vektor!

Der Geschwindigkeitsvektor des bewegten Punktes ist

$$\boldsymbol{v} = \mathrm{d}\boldsymbol{r}/\mathrm{d}t\,.$$

Er hat die Richtung von $\mathrm{d}\boldsymbol{r}$, also die Richtung der Tangente im betreffenden Punkt der Kurve und einen Richtungssinn, der durch die Bewegungsrichtung des bewegten Punktes gegeben ist. Der Betrag der Geschwindigkeit ist

$$|\boldsymbol{v}| = v = |\mathrm{d}\boldsymbol{r}/\mathrm{d}t| = |\mathrm{d}\boldsymbol{r}|/\mathrm{d}t = \mathrm{d}s/\mathrm{d}t\,.$$

Im allgemeinen sind Betrag und Richtung von $\boldsymbol{v}$ Zeitfunktionen. Den Einsvektor, der die Bewegungsrichtung anzeigt, nennt man den *Tangentenvektor* $\boldsymbol{t}$. (Nicht verwechseln mit der Zeit t!) Es gilt

$$\boldsymbol{t} = \mathrm{d}\boldsymbol{r}/|\mathrm{d}\boldsymbol{r}| = \mathrm{d}\boldsymbol{r}/\mathrm{d}s\,,$$
$$|\boldsymbol{t}| = 1\,.$$

Die Geschwindigkeit ist mit Hilfe von $\boldsymbol{t}$ darstellbar als

$$\boldsymbol{v} = \boldsymbol{t}\,v\,,$$

was man auch durch mittelbare Differentiation nach s erhalten kann:

$$\boldsymbol{v} = \frac{\mathrm{d}\boldsymbol{r}}{\mathrm{d}t} = \frac{\mathrm{d}\boldsymbol{r}}{\mathrm{d}s}\cdot\frac{\mathrm{d}s}{\mathrm{d}t} = \boldsymbol{t}\,v\,.$$

Die Differentiation einer Vektorsumme. Sind zwei Vektoren $\boldsymbol{A}$ und $\boldsymbol{B}$ Funktionen eines Skalars t, so ist der Differentialquotient ihrer Summe

$$\frac{\mathrm{d}(\boldsymbol{A}+\boldsymbol{B})}{\mathrm{d}t} = \lim_{\Delta t\to 0}\frac{\{\boldsymbol{A}(t+\Delta t)+\boldsymbol{B}(t+\Delta t)\}-\{\boldsymbol{A}(t)+\boldsymbol{B}(t)\}}{\Delta t} =$$
$$= \lim_{\Delta t\to 0}\frac{\{\boldsymbol{A}(t+\Delta t)-\boldsymbol{A}(t)\}+\{\boldsymbol{B}(t+\Delta t)-\boldsymbol{B}(t)\}}{\Delta t} =$$
$$= \lim_{\Delta t\to 0}\frac{\Delta\boldsymbol{A}}{\Delta t} + \lim_{\Delta t\to 0}\frac{\Delta\boldsymbol{B}}{\Delta t} = \frac{\mathrm{d}\boldsymbol{A}}{\mathrm{d}t} + \frac{\mathrm{d}\boldsymbol{B}}{\mathrm{d}t}\,.$$

Der Differentialquotient einer Vektorsumme ist also gleich der Vektorsumme der Differentialquotienten seiner Summanden (Komponenten). Dieser Satz ist nicht auf zwei Summanden beschränkt. Man kann auch sagen: Jede Vektorsumme ist *distributiv* gegenüber einer Differentiation nach einem Skalar:

$$\frac{\mathrm{d}}{\mathrm{d}t}(\boldsymbol{A}+\boldsymbol{B}) = \frac{\mathrm{d}\boldsymbol{A}}{\mathrm{d}t} + \frac{\mathrm{d}\boldsymbol{B}}{\mathrm{d}t}\,.$$

Die Differentiation eines Produktes aus Vektor und Skalar. Wenn der Skalar s und der Vektor $\boldsymbol{A}$ Funktionen eines Skalars t sind, dann ist

$$\frac{\mathrm{d}}{\mathrm{d}t}(s\boldsymbol{A}) = \lim_{\Delta t\to 0}\frac{s(t+\Delta t)\boldsymbol{A}(t+\Delta t)-s(t)\boldsymbol{A}(t)}{\Delta t}\,.$$

Setzen wir für $s(t+\Delta t)$ die Summe $s(t)+\Delta s$, so ist weiter

$$\frac{\mathrm{d}}{\mathrm{d}t}(s\boldsymbol{A}) = \lim_{\Delta t\to 0}\frac{\{s(t)+\Delta s\}\boldsymbol{A}(t+\Delta t)-s(t)\boldsymbol{A}(t)}{\Delta t} =$$
$$= \lim_{\Delta t\to 0}s(t)\cdot\frac{\boldsymbol{A}(t+\Delta t)-\boldsymbol{A}(t)}{\Delta t} + \lim_{\Delta t\to 0}\frac{\Delta s}{\Delta t}\cdot\boldsymbol{A}(t+\Delta t) =$$
$$= \lim_{\Delta t\to 0}s(t)\cdot\frac{\Delta\boldsymbol{A}}{\Delta t} + \lim_{\Delta t\to 0}\frac{\Delta s}{\Delta t}\cdot\boldsymbol{A}(t+\Delta t) = s(t)\cdot\frac{\mathrm{d}\boldsymbol{A}}{\mathrm{d}t} + \frac{\mathrm{d}s}{\mathrm{d}t}\cdot\lim_{\Delta t\to 0}\boldsymbol{A}(t+\Delta t)\,.$$

Nun geht aber $A(t + \Delta t)$ für verschwindendes Δt in $A(t)$ über, so daß wir – nach zulässiger Vertauschung der Summanden – erhalten:

$$\frac{\mathrm{d}}{\mathrm{d}t}(sA) = \frac{\mathrm{d}s}{\mathrm{d}t}A + s\frac{\mathrm{d}A}{\mathrm{d}t}.$$

Die so gefundene Regel ist analog der Differentiationsregel für Produkte algebraischer Funktionen. Sie ist nicht auf *einen* skalaren Faktor beschränkt. So gilt z. B.

$$\frac{\mathrm{d}}{\mathrm{d}t}(rsA) = \frac{\mathrm{d}(rs)}{\mathrm{d}t}A + rs\frac{\mathrm{d}A}{\mathrm{d}t} = \frac{\mathrm{d}r}{\mathrm{d}t}sA + r\frac{\mathrm{d}s}{\mathrm{d}t}A + rs\frac{\mathrm{d}A}{\mathrm{d}t}.$$

Ist der skalare Faktor s eine Konstante, so ist

$$\mathrm{d}s/\mathrm{d}t = 0,$$

und es gilt in diesem speziellen Fall

$$\mathrm{d}(sA)/\mathrm{d}t = s\,\mathrm{d}A/\mathrm{d}t.$$

Ist dagegen A ein konstanter Vektor, so ist

$$A(t + \Delta t) = A(t) = A$$

und

$$\mathrm{d}A/\mathrm{d}t = 0.$$

Wir erhalten dann

$$\mathrm{d}(sA)/\mathrm{d}t = A\,\mathrm{d}s/\mathrm{d}t.$$

Ein Beispiel: Differentiation eines Vektors, der als Produkt aus Betrag und Einsvektor dargestellt ist. Ist

$$A = e_A A,$$

so erhält man für den Differentialquotienten

$$\frac{\mathrm{d}A}{\mathrm{d}t} = \frac{\mathrm{d}e_A}{\mathrm{d}t}\cdot A + e_A\cdot\frac{\mathrm{d}A}{\mathrm{d}t}.$$

Für das Differential

$$\mathrm{d}A = \frac{\mathrm{d}A}{\mathrm{d}t}\cdot\mathrm{d}t$$

folgt daraus

$$\mathrm{d}A = A\,\mathrm{d}e_A + e_A\,\mathrm{d}A$$

Dies wird anhand der Abb. 71 anschaulich, bei der man sich allerdings $\mathrm{d}\varphi$ verschwindend klein denken muß: $\mathrm{d}e_A$ ist die infinitesimale Änderung von e_A. Da e_A vereinbarungsgemäß ein Einsvektor ist, sein Betrag also in jedem Fall

$$|e_A| = 1$$

ist und bleibt, kann eine Änderung von e_A nur darin bestehen, daß sich seine Richtung ändert, daß sich e_A bei einer Veränderung also dreht. Das Differential $\mathrm{d}e_A$ steht somit stets senkrecht auf e_A! In Vektorschreibweise drückt man dies durch das Verschwinden des skalaren Produktes aus:

Abb. 71. Zur Veranschaulichung eines Vektordifferentials

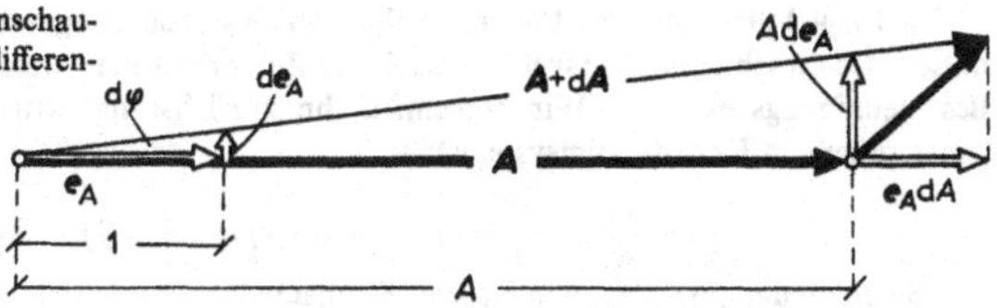

$$e_A \cdot de_A = 0$$

Der Anteil $A\,de_A$ ist somit die zu A senkrechte Komponente von dA. Der zweite Anteil, nämlich $e_A\,dA$ ist die Komponente in Richtung von A. Man beachte:

$$dA = d\,|A| \neq |dA|\,.$$

Das Differential dA des Betrages A etwas anderes als der Betrag $|\,dA\,|$ des Differentials dA!

Die Differentiation eines Vektors in kartesischen Koordinaten. Ist

$$A = A_x i + A_y j + A_z k\,,$$

so folgt wegen der Distributivität der Vektorsumme gegenüber der Differentiation zunächst

$$\frac{dA}{dt} = \frac{d}{dt}(A_x i) + \frac{d}{dt}(A_y j) + \frac{d}{dt}(A_z k)\,.$$

Weil weiterhin die Einsvektoren i, j, k des kartesischen Koordinatensystems Konstante sind, ist z. B.

$$\frac{d}{dt}\,(A_x i) = i\,\frac{dA_x}{dt}$$

und somit

$$dA/dt = i\,dA_x/dt + j\,dA_y/dt + k\,dA_z/dt\,.$$

Ein Beispiel: die Geschwindigkeit in kartesischen Koordinaten. Da der Ortsvektor eines bewegten Punkten sich in kartesischen Koordinaten darstellt als

$$r = x\,i + y\,j + z\,k\,,$$

erhält man für den Geschwindigkeitsvektor

$$v = \frac{dr}{dt} = \frac{d}{dt}(x\,i + y\,j + z\,k)\,,$$

was wegen der zeitlichen Konstanz von i, j, k (ruhendes Koordinatensystem!) weiter ergibt

$$v = \frac{dx}{dt}\,i + \frac{dy}{dt}\,j + \frac{dz}{dt}\,k = \dot{x}\,i + \dot{y}\,j + \dot{z}\,k\,.$$

Mit dem Punkt über den Variablen x, y, z ist dabei ihre Differentiation nach t zum Ausdruck gebracht. Die zeitlichen Ableitungen der Koordinaten des bewegten Punktes sind somit die Komponenten seiner Geschwindigkeit:

$$v_x = \dot{x};\; v_y = \dot{y};\; v_z = \dot{z}\,.$$

Ein Beispiel für mehrfache Differentiation: der Beschleunigungsvektor. Durch Differentiation des Geschwindigkeitsvektors nach der Zeit erhält man wieder einen Vektor, den Beschleunigungsvektor $\boldsymbol{a}$. Wir berechnen ihn zunächst in kartesischen Koordinaten (eines ruhenden Koordinatensystems):

$$\boldsymbol{a} = \frac{\mathrm{d}\boldsymbol{v}}{\mathrm{d}t} = \frac{\mathrm{d}}{\mathrm{d}t}(\dot{x}\,\boldsymbol{i} + \dot{y}\,\boldsymbol{j} + \dot{z}\,\boldsymbol{k}) = \ddot{x}\,\boldsymbol{i} + \ddot{y}\,\boldsymbol{j} + \ddot{z}\,\boldsymbol{k}\,.$$

Die Beschleunigungskomponenten sind demnach

$$a_x = \ddot{x};\; a_y = \ddot{y};\; a_z = \ddot{z}\,.$$

Nun berechnen wir $\boldsymbol{a}$ in koordinatenfreier Vektordarstellung:

$$\boldsymbol{a} = \frac{\mathrm{d}\boldsymbol{v}}{\mathrm{d}t} = \frac{\mathrm{d}}{\mathrm{d}t}(v\,\boldsymbol{t}) = \frac{\mathrm{d}v}{\mathrm{d}t}\boldsymbol{t} + v\frac{\mathrm{d}\boldsymbol{t}}{\mathrm{d}t}$$

(Merke: $\boldsymbol{t}$ ... Tangentenvektor; t ... Zeit; $|\boldsymbol{t}| = 1 \neq t$!)

Der erste Summand hat die Richtung von $\boldsymbol{t}$, er heißt daher *Tangentialbeschleunigung:*

$$\boldsymbol{a}_t = \frac{\mathrm{d}v}{\mathrm{d}t}\boldsymbol{t}\,.$$

Die Tangentialbeschleunigung verschwindet, wenn sich der Betrag der Geschwindigkeit nicht ändert, wenn also

$$\mathrm{d}v/\mathrm{d}t = 0$$

ist.

Der zweite Summand von $\boldsymbol{a}$ hat die Richtung von $\mathrm{d}\boldsymbol{t}/\mathrm{d}t$, steht also senkrecht auf dem Tangentenvektor $\boldsymbol{t}$, weil dieser ein Einsvektor ist (und bleibt!). Er zeigt damit zum momentanen Krümmungsmittelpunkt der Bahn und heißt infolgedessen *Radialbeschleunigung:*

$$\boldsymbol{a}_r = v\frac{\mathrm{d}\boldsymbol{t}}{\mathrm{d}t}\,.$$

Die Radialbeschleunigung $\boldsymbol{a}_r$ verschwindet, wenn sich $\boldsymbol{t}$ mit der Zeit nicht ändert, wenn also die Bahn gerade ist.

Wir wollen $\mathrm{d}\boldsymbol{t}/\mathrm{d}t$ durch Geschwindigkeit v und Krümmungsradius ρ der Bahn an der betreffenden Stelle ausdrücken (Abb. 72a). Die von den beiden Tangentenvektoren $\boldsymbol{t}$ und $\boldsymbol{t} + \mathrm{d}\boldsymbol{t}$ gebildete Ebene heißt *Schmiegungsebene* der Bahn an der betreffenden Stelle. Sie fällt für unser (infinitesimales!) Kurvenstück mit der Papierebene zusammen,

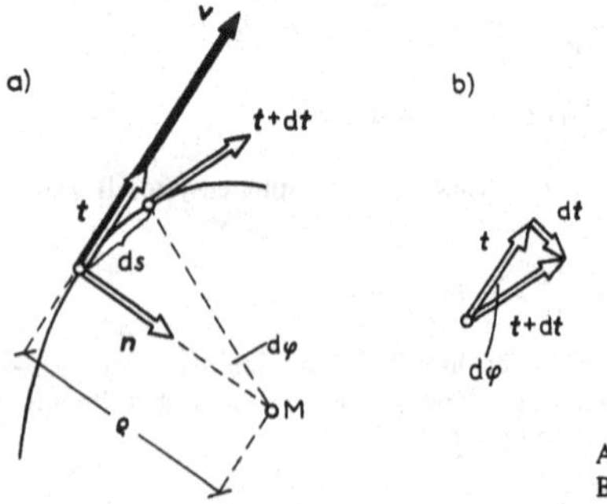

Abb. 72. Beschleunigung auf gekrümmter Bahn

tut dies aber nicht mehr, sobald sich die Bahnkurve aus der Papierebene in den Raum herausschlängelt. In Abb. 72b ist die Vektoraddition $\boldsymbol{t} + \mathrm{d}\boldsymbol{t}$ in der Schmiegungsebene dargestellt. Der in Richtung $\mathrm{d}\boldsymbol{t}$ weisende Einsvektor

$$\boldsymbol{n} = \mathrm{d}\boldsymbol{t}/|\mathrm{d}\boldsymbol{t}|$$

heißt *Normalenvektor*, er zeigt zum Krümmungsmittelpunkt. Man nennt diese Richtung auch die Richtung der *Hauptnormalen* der Raumkurve (Bahnkurve).

Die Richtung des Differentialquotienten $\mathrm{d}\boldsymbol{t}/\mathrm{d}t$ ($\mathrm{d}t$ ... Zeitelement) ist die von $\mathrm{d}\boldsymbol{t}$, also die des Normalenvektors $\boldsymbol{n}$. Um den Betrag $|\mathrm{d}\boldsymbol{t}/\mathrm{d}t|$ zu finden, entnehmen wir aus Abb. 72a das Winkelelement (im Bogenmaß) $\mathrm{d}\varphi = \mathrm{d}s/\rho$ und setzen es gleich dem aus der Abb. 72b entnommenen $\mathrm{d}\varphi = |\mathrm{d}\boldsymbol{t}|/|\boldsymbol{t}| = |\mathrm{d}\boldsymbol{t}|/1 = |\mathrm{d}\boldsymbol{t}|$. Denn es handelt sich in beiden Abbildungen um den gleichen Winkel $\mathrm{d}\varphi$, da die Schenkel paarweise zueinander orthogonal sind. Wir erhalten somit

$$|\mathrm{d}\boldsymbol{t}| = \mathrm{d}s/\rho$$

und damit

$$\left|\frac{\mathrm{d}\boldsymbol{t}}{\mathrm{d}t}\right| = \frac{|\mathrm{d}\boldsymbol{t}|}{\mathrm{d}t} = \frac{\mathrm{d}s}{\rho\,\mathrm{d}t},$$

was wegen $\mathrm{d}s/\mathrm{d}t = v$ zu

$$|\mathrm{d}\boldsymbol{t}/\mathrm{d}t| = v/\rho$$

führt. Durch Multiplikation dieses Ausdruckes mit $\boldsymbol{n}$ erhalten wir schließlich

$$\mathrm{d}\boldsymbol{t}/\mathrm{d}t = \boldsymbol{n}\,v/\rho\,.$$

Für die Radialbeschleunigung $\boldsymbol{a}_r = v\,\mathrm{d}\boldsymbol{t}/\mathrm{d}t$ kommt man dann zu dem Ausdruck

$$\boldsymbol{a}_r = \boldsymbol{n}\,v^2/\rho\,.$$

Daß der Betrag a_r der Radialbeschleunigung umgekehrt proportional zum Krümmungsradius ρ ist, leuchtet ein: Je stärker die Bahnkrümmung, also je kleiner ρ ist, desto größer muß die Radialbeschleunigung sein. Die quadratische Abhängigkeit von v läßt sich verstehen, wenn man bedenkt, daß bei größerer Geschwindigkeit erstens eben diese *größere* Geschwindigkeit geändert werden muß, und daß zweitens diese Änderung in kürzerer Zeit zu erfolgen hat.

Die gesamte Beschleunigung stellt sich als Vektorsumme aus Tangentialbeschleunigung $\boldsymbol{a}_t$ und Radialbeschleunigung $\boldsymbol{a}_r$ dar:

$$\boldsymbol{a} = \boldsymbol{t}\,\mathrm{d}v/\mathrm{d}t + \boldsymbol{n}\,v^2/\rho\,.$$

Ist in einem speziellen Fall der Betrag v der Geschwindigkeit konstant, dann verschwindet – wie bereits erwähnt – $\mathrm{d}v/\mathrm{d}t$, und als Beschleunigung bleibt die Radialbeschleunigung übrig. Ist darüber hinaus auch die Krümmung der Bahn stets die gleiche, bewegt sich der Punkt also auf einem Kreis, dann ist ρ der Radius dieses Kreises, und $\boldsymbol{a}_r$ zeigt zum Kreismittelpunkt. Man spricht dann von *Zentripetalbeschleunigung*.

Um einen punktförmigen Körper der Masse m zu bewegen, ist eine Kraft

$$\boldsymbol{F} = m\,\boldsymbol{a}$$

erforderlich. Ihre Tangentialkomponente ist

$$\boldsymbol{F}_t = m\,\boldsymbol{a}_t\,,$$

ihre Radialkomponente (bei Kreisbewegung Zentripetalkraft genannt) ist

$$F_r = m\,a_r .$$

Unter *Fliehkraft* (Zentrifugalkraft) versteht man die der Radialkomponente entgegenwirkende Trägheitskraft

$$F_z = -m\,a_r = -\,n\,mv^2/\rho .$$

3.2 Die Differentiation von Produkten von Vektoren

Die Differentiation des skalaren Produktes. Sind die Vektoren A und B Funktionen eines Skalars t, so erhalten wir die Ableitung des skalaren Produktes $A \cdot B$ nach t wie folgt:

$$\frac{\mathrm{d}}{\mathrm{d}t}(A \cdot B) = \lim_{\Delta t \to 0} \frac{A(t+\Delta t) \cdot B(t+\Delta t) - A(t) \cdot B(t)}{\Delta t} .$$

Setzen wir

$$A(t+\Delta t) = A(t) + \Delta A ,$$

so wird

$$\frac{\mathrm{d}}{\mathrm{d}t}(A \cdot B) = \lim_{\Delta t \to 0} \frac{\{A(t) + \Delta A\} \cdot B(t+\Delta t) - A(t) \cdot B(t)}{\Delta t} =$$

$$= \lim_{\Delta t \to 0} A(t) \cdot \frac{B(t+\Delta t) - B(t)}{\Delta t} + \lim_{\Delta t \to 0} \frac{\Delta A}{\Delta t} \cdot B(t+\Delta t) =$$

$$= \lim_{\Delta t \to 0} A(t) \cdot \frac{\Delta B}{\Delta t} + \lim_{\Delta t \to 0} \frac{\Delta A}{\Delta t} \cdot B(t+\Delta t) =$$

$$= A(t) \cdot \frac{\mathrm{d}B}{\mathrm{d}t} + \frac{\mathrm{d}A}{\mathrm{d}t} \cdot \lim_{\Delta t \to 0} B(t+\Delta t) = A(t) \cdot \frac{\mathrm{d}B}{\mathrm{d}t} + \frac{\mathrm{d}A}{\mathrm{d}t} \cdot B(t) .$$

Die aus der Differentialrechnung bekannte Regel über die Differentiation von Produkten ist demnach auch für skalare Produkte von Vektoren gültig. Wir schreiben sie unter Vertauschung der Summanden nochmals an:

$$\frac{\mathrm{d}}{\mathrm{d}t}(A \cdot B) = \frac{\mathrm{d}A}{\mathrm{d}t} \cdot B + A \cdot \frac{\mathrm{d}B}{\mathrm{d}t} .$$

Zu beachten ist, daß beide Glieder der rechten Seite dieser Gleichung skalare Produkte zweier Vektoren sind.

Für den Spezialfall $B = A$ ergibt sich die Formel

$$\frac{\mathrm{d}}{\mathrm{d}t} A^2 = \frac{\mathrm{d}}{\mathrm{d}t}(A \cdot A) = 2\,A \cdot \frac{\mathrm{d}A}{\mathrm{d}t} .$$

Wenden wir sie auf einen Vektor an, von dem sich nur die Richtung, nicht aber der Betrag mit t ändert, z. B. auf einen Einsvektor $e = e(t)$, so folgt

$$\mathrm{d}e^2/\mathrm{d}t = 2\,e \cdot \mathrm{d}e/\mathrm{d}t .$$

Andererseits ist aber $e^2 = e^2 = 1$ und somit

$$\mathrm{d}e^2/\mathrm{d}t = 0 .$$

Daraus folgt, daß

$$e \cdot \mathrm{d}e/\mathrm{d}t = 0$$

ist, daß also $\mathrm{d}e/\mathrm{d}t$ bzw. $\mathrm{d}e$ orthogonal zu e ist. Was wir in Abb. 72 bezüglich des Einsvektors $\boldsymbol{t}$ aus der Anschauung entnommen hatten, haben wir nunmehr auch formal durch Rechnung bewiesen.

Die Differentiation des Vektorproduktes. Die Differentiation des Vektorproduktes $\boldsymbol{A}(t) \times \boldsymbol{B}(t)$ nach t erfolgt nach den gleichen Überlegungen wie die Differentiation des skalaren Produktes, es kommt lediglich die Bedingung hinzu, daß die Reihenfolge der Faktoren nicht vertauscht werden darf, bzw. daß bei eventueller Vertauschung von Faktoren das Vorzeichen geändert werden muß. Die Rechnung sei dem Leser überlassen. Man erhält auf diese Weise wiederum eine der Produktregel der Differentialrechnung analoge Formel:

$$\frac{\mathrm{d}}{\mathrm{d}t}(\boldsymbol{A} \times \boldsymbol{B}) = \left(\frac{\mathrm{d}\boldsymbol{A}}{\mathrm{d}t} \times \boldsymbol{B}\right) + \left(\boldsymbol{A} \times \frac{\mathrm{d}\boldsymbol{B}}{\mathrm{d}t}\right).$$

Die beiden Glieder der rechten Seite der Gleichung sind Vektorprodukte, und die Reihenfolge der Vektoren $\boldsymbol{A}$ und $\boldsymbol{B}$ ist in ihnen die gleiche wie auf der linken Seite!

Ein Spezialfall für die Differentiation eines Vektorproduktes liegt vor, wenn $\boldsymbol{B} = \mathrm{d}\boldsymbol{A}/\mathrm{d}t$, wenn also der eine Faktor die Ableitung des anderen ist. Wir erhalten dann

$$\frac{\mathrm{d}}{\mathrm{d}t}\left(\boldsymbol{A} \times \frac{\mathrm{d}\boldsymbol{A}}{\mathrm{d}t}\right) = \left(\frac{\mathrm{d}\boldsymbol{A}}{\mathrm{d}t} \times \frac{\mathrm{d}\boldsymbol{A}}{\mathrm{d}t}\right) + \left(\boldsymbol{A} \times \frac{\mathrm{d}^2\boldsymbol{A}}{\mathrm{d}t^2}\right).$$

Das erste Glied der Summe rechts ist Null, weil es sich um das Vektorprodukt eines Vektors mit sich selbst handelt (Vgl. Seite 42). Also ist

$$\frac{\mathrm{d}}{\mathrm{d}t}\left(\boldsymbol{A} \times \frac{\mathrm{d}\boldsymbol{A}}{\mathrm{d}t}\right) = \boldsymbol{A} \times \frac{\mathrm{d}^2\boldsymbol{A}}{\mathrm{d}t^2}.$$

3.3 Anwendungsbeispiele aus der Geometrie

Die Frenetschen Formeln. Ordnet man einer Raumkurve eine Richtung zu (z. B. Bewegungsrichtung eines Punktes, der die Raumkurve beschreibt), so versteht man – wie auf Seite 53 bereits ausgeführt wurde – unter dem *Tangentenvektor* $\boldsymbol{t}$ eines Kurvenpunktes

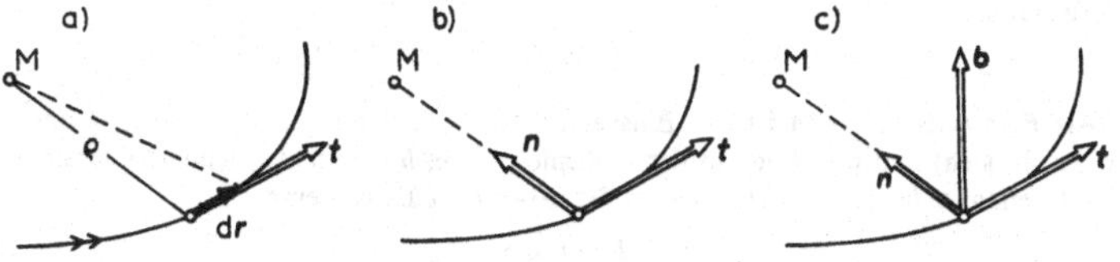

Abb. 73. Zum begleitenden Dreibein

den Einsvektor, der in Richtung der Tangente weist. Er hat die Richtung des Fahrstrahldifferentials $\mathrm{d}\boldsymbol{r}$ (Abb. 73a) und den Betrag 1. Man erhält ihn demnach als den Differentialquotienten

$$\boldsymbol{t} = \mathrm{d}\boldsymbol{r}/|\mathrm{d}\boldsymbol{r}|.$$

Wir bezeichnen – wie auch schon früher – das skalare Kurvenelement, das gleich dem Betrag $|\mathrm{d}\boldsymbol{r}|$ ist, im folgenden stets mit $\mathrm{d}s$. Ableitungen nach der (von irgendeinem festgelegten Kurvenpunkt aus gemessen) skalaren Kurvenlänge s seien durch einen Strich gekennzeichnet. Mit dieser Kennzeichnung ist dann

$$\boldsymbol{t} = \mathrm{d}\boldsymbol{r}/\mathrm{d}s = \boldsymbol{r}'\,.$$

Der *Normalenvektor* $\boldsymbol{n}$ ist ein Einsvektor, der zum Krümmungsmittelpunkt hinzeigt (Abb. 73b). Für ihn hatten wir auf Seite 57 bereits gefunden

$$\boldsymbol{n} = \mathrm{d}\boldsymbol{t}/|\mathrm{d}\boldsymbol{t}|\,,$$

und der Betrag $|\mathrm{d}\boldsymbol{t}|$ hatte sich als

$$|\mathrm{d}\boldsymbol{t}| = \mathrm{d}s/\rho$$

mit ρ als Krümmungsradius herausgestellt. Demnach ist

$$\boldsymbol{n} = \rho\, \mathrm{d}\boldsymbol{t}/\mathrm{d}s = \rho\, \boldsymbol{t}'$$

bzw.

$$\boldsymbol{t}' = \boldsymbol{n}/\rho\,.$$

Da eine Verkleinerung des Krümmungsradius eine Verstärkung der Kurvenkrümmung zur Folge hat, definiert man als *Krümmung* K den Kehrwert des Krümmungsradius ρ, also

$$K = 1/\rho\,.$$

Für die Ableitung $\boldsymbol{t}'$ ergibt sich damit

$$\boldsymbol{t}' = K\,\boldsymbol{n}\,.$$

Dieser Zusammenhang wird als *erste Frenetsche Formel* bezeichnet.

Wegen $\boldsymbol{t} = \boldsymbol{r}'$ folgt aus der ersten Frenetschen Formel

$$\boldsymbol{r}'' = K\,\boldsymbol{n}\,,$$

woraus sich die Krümmung K durch skalare Multiplikation beider Seiten der Gleichung mit sich selbst errechnen läßt. Denn die linke Seite liefert

$$\boldsymbol{r}'' \cdot \boldsymbol{r}'' = |\boldsymbol{r}''|^2\,,$$

die rechte ergibt wegen $\boldsymbol{n}^2 = 1$

$$(K\,\boldsymbol{n}) \cdot (K\,\boldsymbol{n}) = K^2\,\boldsymbol{n}^2 = K^2\,.$$

Daraus folgt

$$K = |\boldsymbol{r}''|\,.$$

Als *Binormalenvektor* $\boldsymbol{b}$ ist der Einsvektor definiert, der auf den Vektoren $\boldsymbol{t}$ und $\boldsymbol{n}$ senkrecht steht und mit ihnen in der Reihenfolge $\boldsymbol{t}$, $\boldsymbol{n}$, $\boldsymbol{b}$ ein rechtsorientiertes Dreibein, das sogenannte *begleitende Dreibein*, bildet (Abb. 73c). Es ist demnach

$$\boldsymbol{b} = \boldsymbol{t} \times \boldsymbol{n}\,.$$

Die Vektoren $\boldsymbol{t}$ und $\boldsymbol{n}$ spannen – wie Seite 56 bereits angeführt – die *Schmiegungsebene* der Kurve für den jeweiligen Kurvenpunkt auf, die von $\boldsymbol{t}$ und $\boldsymbol{b}$ aufgespannte Ebene heißt *rektifizierende Ebene.*

Beim Fortschreiten längs einer Raumkurve dreht sich infolge der Kurvenkrümmung das begleitende Dreibein um den Binormalenvektor, zugleich aber dreht sich im allgemeinen das Dreibein auch um den Tangentenvektor. Die Kurve ist gleichsam zusätzlich verdrillt. Analog zur Definition der Krümmung

$$K = 1/\rho = \mathrm{d}\varphi/\mathrm{d}s$$

definiert man, um die Verdrillung zu beschreiben, eine Größe T mit der Bezeichnung

Torsion durch

$$T = \mathrm{d}\psi/\mathrm{d}s\,.$$

Darin ist $\mathrm{d}\psi$ der infinitesimale Drehwinkel (Abb. 74a), um den sich das Dreibein beim Fortschreiten um das Wegelement $\mathrm{d}s$ um $\boldsymbol{t}$ als Drehachse dreht. (Gelegentlich rechnet man auch mit dem Kehrwert von T, mit $\tau = 1/T$. Dies ist eine Größe von der Dimension einer Länge, sie hat aber keine so unmittelbar anschauliche Bedeutung wie der Krümmungsradius $\rho = 1/K$.)

Aus Abb. 74b entnehmen wir

$$\mathrm{d}\psi = |\mathrm{d}\boldsymbol{b}|/|\boldsymbol{b}| = |\mathrm{d}\boldsymbol{b}|,$$

so daß wir für das Vektordifferential $\mathrm{d}\boldsymbol{b}$, das die Richtung von $-\boldsymbol{n}$ hat, schreiben können

$$\mathrm{d}\boldsymbol{b} = -\boldsymbol{n}\,\mathrm{d}\psi = -\boldsymbol{n}\,T\,\mathrm{d}s\,.$$

Daraus folgt die *zweite Frenetsche Formel*, indem man durch $\mathrm{d}s$ dividiert. Mit der Bezeichnung $\mathrm{d}\boldsymbol{b}/\mathrm{d}s = \boldsymbol{b}'$ lautet sie

$$\boldsymbol{b}' = -T\,\boldsymbol{n}\,.$$

Die Darstellung der Torsion T als Funktion von $\boldsymbol{r}$, bzw. seinen Ableitungen nach s müssen wir auf später (Seite 83) verschieben. Sie ist nicht so einfach wie die Darstellung von K, die wir im Anschluß an die erste Frenetsche Formel durchführten.

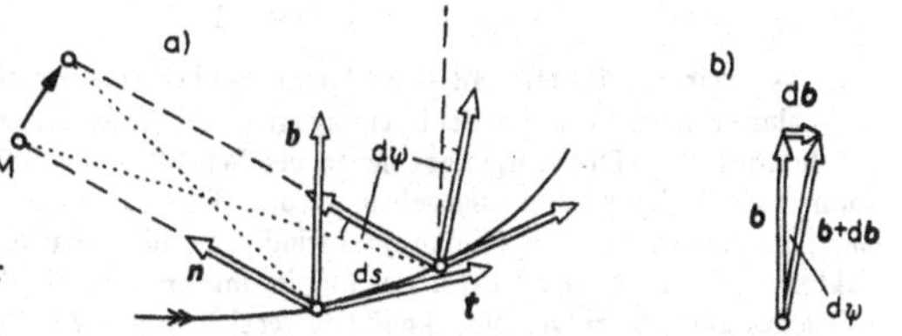

Abb. 74. Zur Torsion einer Raumkurve

Wir wenden uns vielmehr gleich der *dritten Frenetschen Formel* zu, die uns einen Ausdruck für $\boldsymbol{n}'$ liefern wird. Wegen der Orthogonalität von $\boldsymbol{t}$ und $\boldsymbol{n}$ ist

$$\boldsymbol{n}\cdot\boldsymbol{t} = 0\,.$$

Die Differentiation dieser Identität ergibt

$$\boldsymbol{n}'\cdot\boldsymbol{t} + \boldsymbol{n}\cdot\boldsymbol{t}' = 0\,,$$

woraus

$$\boldsymbol{n}'\cdot\boldsymbol{t} = -\boldsymbol{n}\cdot\boldsymbol{t}' = -\boldsymbol{t}'\cdot\boldsymbol{n}$$

folgt, was wegen $\boldsymbol{t}' = K\,\boldsymbol{n}$ schließlich in

$$\boldsymbol{n}'\cdot\boldsymbol{t} = -K\,\boldsymbol{n}\cdot\boldsymbol{n} = -K$$

übergeht. Da $\boldsymbol{t}$ ein Einsvektor ist, stellt also $-K$ die Projektion des Vektors $\boldsymbol{n}'$ auf $\boldsymbol{t}$ dar. Die Komponente von $\boldsymbol{n}'$ in Richtung $\boldsymbol{t}$ ist somit

$$(\boldsymbol{n}')_t = -K\,\boldsymbol{t}\,.$$

Aus $\boldsymbol{n}\cdot\boldsymbol{b}$ erhalten wir durch eine analoge Rechnung, in der wir $\boldsymbol{b}' = -T\,\boldsymbol{n}$ berücksichtigen müssen,

$$\boldsymbol{n}'\cdot\boldsymbol{b} = T\,.$$

Da auch $\boldsymbol{b}$ ein Einsvektor ist, ist also T die Projektion von $\boldsymbol{n}'$ auf $\boldsymbol{b}$, die Komponente von $\boldsymbol{n}'$ in Richtung $\boldsymbol{b}$ ist infolgedessen

$$(\boldsymbol{n}')_b = T\,\boldsymbol{b}\,.$$

Die Komponente von $\boldsymbol{n}'$ in Richtung $\boldsymbol{n}$ verschwindet, weil $\boldsymbol{n}$ ein Einsvektor ist, dessen Betrag immer konstant, nämlich gleich 1 bleibt. Also ist

$$(\boldsymbol{n}')_n = 0\,.$$

Der Vektor

$$\boldsymbol{n}' = (\boldsymbol{n}')_n + (\boldsymbol{n}')_b + (\boldsymbol{n}')_t$$

wird damit

$$\boldsymbol{n}' = T\,\boldsymbol{b} - K\,\boldsymbol{t}\,.$$

3.4 Anwendungsbeispiele aus der Physik

Die Rotationsgeschwindigkeit eines starren Körpers. Dreht sich ein starrer Körper während einer Zeitspanne t um eine feste Achse gleichförmig um den Winkel φ, so versteht man unter seiner Winkelgeschwindigkeit ω den Quotienten

$$\omega = \varphi/t\,.$$

Im Falle ungleichförmiger Drehung wird ω durch einen Differentialquotienten ausgedrückt:

$$\omega = \mathrm{d}\varphi/\mathrm{d}t\,.$$

Liegt – wie im erwähnten Fall – die Drehachse fest, so kann die Winkelgeschwindigkeit als Skalar behandelt werden. Bei Drehung um einen Punkt dagegen muß zur vollständigen Beschreibung des Drehvorganges neben der Winkelgeschwindigkeit auch die Lage der (momentanen) Drehachse angegeben werden. Diese zusätzliche Information läßt sich leicht in die Angabe der Winkelgeschwindigkeit hineinpacken, indem man diese als Vektor definiert. Da der Vektor des infinitesimalen Winkels $\mathrm{d}\varphi$ bereits die Drehachse (mit dem vereinbarten Drehsinn) angibt, bietet sich für den Vektor der Winkelgeschwindigkeit die Definition

$$\vec{\omega} = \overrightarrow{\mathrm{d}\varphi}/\mathrm{d}t$$

an.

Wir wollen nun die Geschwindigkeit $\boldsymbol{v}$ eines Punktes P auf einem starren Körper (oder innerhalb eines starren Körpers) aus dem Vektor der Rotationsgeschwindigkeit (Winkelgeschwindigkeit) berechnen (Abb. 75). Der Punkt P beschreibt um die (momentane) Drehachse ein infinitesimales Stück eines Kreisumfanges, man nennt den Geschwindigkeitsvektor $\boldsymbol{v}$ deshalb Umfangsgeschwindigkeit. In Abb. 75 sind die Vektoren $\overrightarrow{\mathrm{d}\varphi}$, $\boldsymbol{r}$ und $\overrightarrow{\mathrm{d}s}$ eingezeichnet, für welche die auf Seite 46 angegebene Beziehung

$$\overrightarrow{\mathrm{d}s} = \overrightarrow{\mathrm{d}\varphi} \times \boldsymbol{r}$$

besteht. Die Division dieser Gleichung durch das skalare Zeitdifferential $\mathrm{d}t$ ergibt

$$\frac{\overrightarrow{\mathrm{d}s}}{\mathrm{d}t} = \frac{\overrightarrow{\mathrm{d}\varphi} \times \boldsymbol{r}}{\mathrm{d}t} = \frac{\overrightarrow{\mathrm{d}\varphi}}{\mathrm{d}t} \times \boldsymbol{r}\,.$$

Da nun $\overrightarrow{\mathrm{d}s}/\mathrm{d}t$ bereits die gesuchte Umfangsgeschwindigkeit $\boldsymbol{v}$ ist, und $\overrightarrow{\mathrm{d}\varphi}/\mathrm{d}t = \vec{\omega}$, erhalten wir also

$$\boldsymbol{v} = \vec{\omega} \times \boldsymbol{r}\,.$$

Wir stellen uns nun vor, daß sich der starre Körper gleichzeitig mit verschiedenen

Winkelgeschwindigkeiten $\vec{\omega}_1$, $\vec{\omega}_2$, $\vec{\omega}_3$ ... dreht. Die Drehachsen dieser Drehungen gehen alle durch einen Punkt, den wir als Ausgangsprunkt O des eines Fahrstrahles $\boldsymbol{r}$ wählen. Wären die Rotationsvektoren $\vec{\omega}_1, \vec{\omega}_2, \vec{\omega}_3$ ... jeder für sich allein wirksam, so würde der Endpunkt P von $\boldsymbol{r}$ die Umfangsgeschwindigkeiten $\boldsymbol{v}_1, \boldsymbol{v}_2, \boldsymbol{v}_3$ ... haben. Ihre Summe ergibt die tatsächliche Geschwindigkeit von P:

$$\boldsymbol{v} = \boldsymbol{v}_1 + \boldsymbol{v}_2 + \boldsymbol{v}_3 + \cdots$$

Das ist weiter

$$\boldsymbol{v} = (\vec{\omega}_1 \times \boldsymbol{r}) + (\vec{\omega}_2 \times \boldsymbol{r}) + (\vec{\omega}_3 \times \boldsymbol{r}) + \cdots = (\vec{\omega}_1 + \vec{\omega}_2 + \vec{\omega}_3 + \cdots) \times \boldsymbol{r}.$$

Man kann demnach der Bewegung des Punktes P eine Rotationsgeschwindigkeit

$$\vec{\omega} = \vec{\omega}_1 + \vec{\omega}_2 + \vec{\omega}_3 + \cdots$$

des starren Körpers zuordnen. Damit ist gezeigt, daß für die Winkelgeschwindigkeit das vektorielle Additionsgesetz gilt.

Die Multiplikation dieser Gleichung mit dem Zeitdifferential $\mathrm{d}t$ ergibt

$$\omega \mathrm{d}t = \omega_1 \mathrm{d}t + \omega_2 \mathrm{d}t + \omega_3 \mathrm{d}t + \cdots$$

bzw.

$$\overrightarrow{\mathrm{d}\varphi} = \overrightarrow{\mathrm{d}\varphi_1} + \overrightarrow{\mathrm{d}\varphi_2} + \overrightarrow{\mathrm{d}\varphi_3} + \cdots$$

Damit ist der auf Seite 47 angekündigte Beweis für die vektorielle Addierbarkeit des Winkelelementes erbracht.

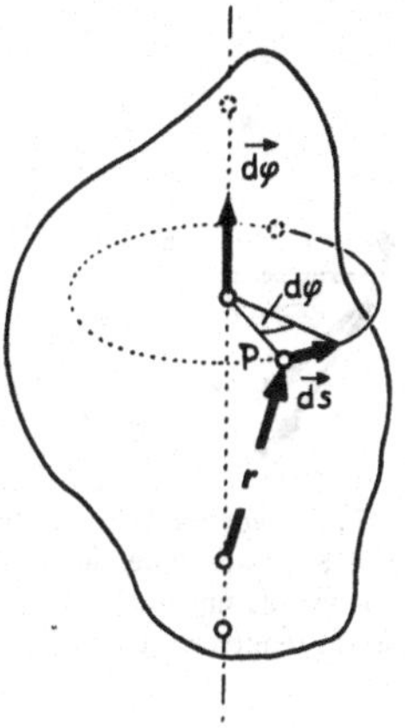

Abb. 75. Zur Berechnung der Umfangsgeschwindigkeit.

Die Bewegung einer elektrischen Ladung in einem homogenen Magnetfeld. Einen Raum, in dem die magnetische Feldstärke überall den gleichen Betrag und die gleiche Richtung hat, nennt man ein homogenes Magnetfeld. Es ist ein Beispiel für ein Vektorfeld. Wir stellen uns ein solches homogenes Magnetfeld vor und nehmen darüber hinaus auch an, daß es sich im Laufe der Zeit nicht verändere. In diesem Felde bewege sich ein elektrisch geladener Körper. Seine (positive) Ladung sei Q, seine Masse sei m und seine momentane Geschwindigkeit sei v.

Allgemein wirkt auf eine (punktförmige) Ladung in einem Magnetfeld mit der Kraftflußdichte $\boldsymbol{B}$ eine Kraft $\boldsymbol{F}$ gemäß

$$\boldsymbol{F} = Q(\boldsymbol{v} \times \boldsymbol{B}).$$

Man vergleiche hierzu Seite 47. Wie dort bereits dargetan, ist diese Kraft normal auf $\boldsymbol{v}$ und $\boldsymbol{B}$. Wegen $\boldsymbol{F} = m\boldsymbol{a}$ ist auch die Beschleunigung $\boldsymbol{a}$ senkrecht zu $\boldsymbol{v}$ und $\boldsymbol{B}$.

Wir fragen, wie sich $\boldsymbol{v}$ unter dem Einfluß des Magnetfeldes ändert. Da $\boldsymbol{a} = \mathrm{d}\boldsymbol{v}/\mathrm{d}t$ wegen seiner Orthogonalität zu $\boldsymbol{v}$ keine Komponente in Richtung von $\boldsymbol{v}$ hat, hat auch die infinitesimale Änderung $\mathrm{d}\boldsymbol{v} = \boldsymbol{a}\,\mathrm{d}t$ niemals eine Komponente in dieser Richtung, so daß der Betrag v stets konstant bleibt. Auch der Winkel α zwischen $\boldsymbol{v}$ und $\boldsymbol{B}$ bleibt stets unverändert (Abb. 76a). Denn wenn man das skalare Produkt $\boldsymbol{v} \cdot \boldsymbol{B}$ nach der Zeit differenziert, so erhält man

$$\frac{\mathrm{d}}{\mathrm{d}t}(\boldsymbol{v} \cdot \boldsymbol{B}) = \frac{\mathrm{d}\boldsymbol{v}}{\mathrm{d}t} \cdot \boldsymbol{B} + \boldsymbol{v} \cdot \frac{\mathrm{d}\boldsymbol{B}}{\mathrm{d}t} = 0,$$

weil einerseits wegen

$$\mathrm{d}\boldsymbol{v}/\mathrm{d}t = \boldsymbol{a} = \boldsymbol{F}/m = Q(\boldsymbol{v} \times \boldsymbol{B})/m$$

$\mathrm{d}\boldsymbol{v}/\mathrm{d}t$ und $\boldsymbol{B}$ orthogonal sind, so daß $(\mathrm{d}\boldsymbol{v}/\mathrm{d}t) \cdot \boldsymbol{B}$ verschwindet, und weil andererseits wegen $\boldsymbol{B} = \text{konst}$ $\mathrm{d}\boldsymbol{B}/\mathrm{d}t$ auch Null ist. Somit ist $\boldsymbol{v} \cdot \boldsymbol{B} = \text{konst}$, was aber wegen $v = \text{konst}$ und $B = \text{konst}$ die Konstanz des Winkels α bedeutet.

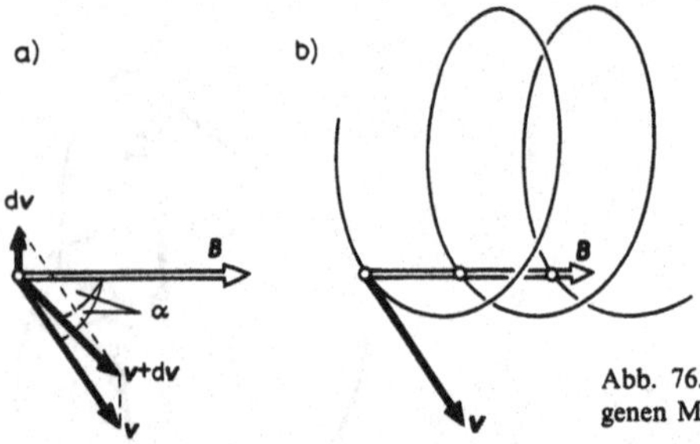

Abb. 76. Zur Teilchenbewegung im homogenen Magnetfeld

Ein geladenes Teilchen beschreibt in einem homogenen Magnetfeld im allgemeinen eine Schraubenlinie, deren Achse in (oder gegen) die Richtung von $\boldsymbol{B}$ zeigt (Abb. 76b). Sonderfälle sind die Bewegung in der (oder entgegen zur) Feldrichtung und die Bewegung genau senkrecht zu ihr. Im ersten Fall ist wegen $\boldsymbol{v} /\!/ \boldsymbol{B}$ bzw. $-\boldsymbol{v} /\!/ \boldsymbol{B}$) die Beschleunigung

$$\mathrm{d}\boldsymbol{v}/\mathrm{d}t = Q(\boldsymbol{v} \times \boldsymbol{B})/m = 0,$$

die Bewegung also gleichförmig geradlinig, im zweiten Fall verläuft die Bewegung längs einer Kreisbahn mit konstant bleibendem Geschwindigkeitsbetrag v. Die Beschleunigung

$$\boldsymbol{a} = Q(\boldsymbol{v} \times \boldsymbol{B})/m$$

ist in diesem Fall die Radialbeschleunigung

$$\boldsymbol{a}_r = \boldsymbol{n}\, v^2/\rho$$

(Vergl. Seite 57), und wegen $\boldsymbol{v} \perp \boldsymbol{B}$ ist ihr Betrag

$$a_r = QvB/m = v^2/\rho\,.$$

Daraus folgt für den Bahnradius

$$\rho = mv/QB,$$

und für die Umlaufzeit T auf der Kreisbahn

$$T = 2\rho\pi/v = 2\pi m/QB.$$

Das Beachtenswerte an dem Ausdruck für T ist, daß er die Geschwindigkeit *nicht* enthält. Die Umlaufzeit ist also unabhängig von v. Teilchen mit gleicher *spezifischer Ladung Q/m* beschreiben in einem Magnetfeld mit der Kraftflußdichte $\boldsymbol{B}$ zwar verschieden große Kreise, wenn sie verschieden schnell sind, aber zum Durchlaufen ihrer Kreisbahnen benötigen sie alle die gleiche Zeit*).

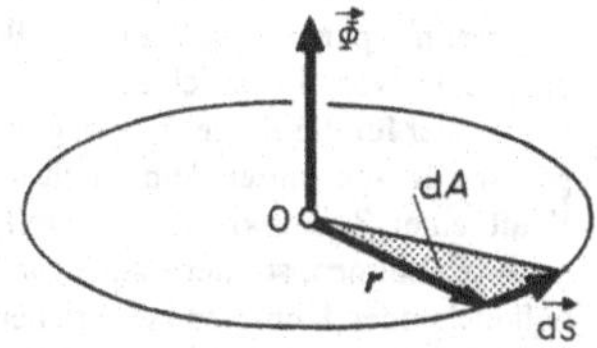

Abb. 77. Zum Flächensatz; der Punkt O muß nicht in der Bahnmitte liegen

Der Flächensatz (zweites Keplersches Gesetz). Das *zweite Keplersche Gesetz* (1509) besagt, daß der von der Sonne zu einem Planeten gezogene Fahrstrahl (Abb. 77) infolge der Planetenbewegung in gleichen Zeiten gleiche Flächen überstreicht. Das bedeutet, daß die sogenannte Flächengeschwindigkeit $\mathrm{d}A/\mathrm{d}t$ konstant ist. Da die Planetenbewegung in einer Ebene erfolgt, haben alle $\mathrm{d}\boldsymbol{A}$ stets die gleiche räumliche Orientierung, es ist also nicht nur der Betrag $\mathrm{d}A/\mathrm{d}t$, sondern auch der Vektor der Flächengeschwindigkeit $\mathrm{d}\boldsymbol{A}/\mathrm{d}t$, den wir mit $\vec{\Phi}$ bezeichnen wollen, konstant.

Der infinitesimale Weg $\vec{\mathrm{d}s}$ des Planeten in der Zeit $\mathrm{d}t$ ist $\boldsymbol{v}\,\mathrm{d}t$, und die überstrichene Fläche $\mathrm{d}\boldsymbol{A}$ ist der Flächeninhalt des infinitesimalen Dreiecks mit den Seiten $\boldsymbol{r}$ und $\vec{\mathrm{d}s}$:

$$\mathrm{d}\boldsymbol{A} = (\boldsymbol{r} \times \vec{\mathrm{d}s})/2 = (\boldsymbol{r} \times \boldsymbol{v}\,\mathrm{d}t)/2.$$

Daraus folgt für die Flächengeschwindigkeit

$$\vec{\Phi} = \frac{\mathrm{d}\boldsymbol{A}}{\mathrm{d}t} = \frac{1}{2} \cdot \frac{\boldsymbol{r} \times \boldsymbol{v}\mathrm{d}t}{\mathrm{d}t} = \frac{\boldsymbol{r} \times \boldsymbol{v}}{2}.$$

Die vektorielle Formulierung des Flächensatzes erhält damit die einfache Form

$$\vec{\Phi} = (\boldsymbol{r} \times \boldsymbol{v})/2 = \text{konst}$$

oder noch einfacher

$$\boldsymbol{r} \times \boldsymbol{v} = \text{konst}.$$

*) Das gilt nur, solange die Masse m als geschwindigkeitsunabhängiger Skalar betrachtet werden darf, also nur bei Geschwindigkeiten, die wesentlich kleiner als die Lichtgeschwindigkeit sind. Nur für diesen Fall ist es sinnvoll, mit der Formel $\boldsymbol{F} = m\,\boldsymbol{a}$ zu rechnen.

Aus dem Flächensatz läßt sich folgern, daß die Beschleunigung (und somit die auf den Planeten wirkende Kraft) parallel oder antiparallel zu $\boldsymbol{r}$ gerichtet ist. Das zeigt man wie folgt:

Wegen der zeitlichen Konstanz von $\boldsymbol{r} \times \boldsymbol{v}$ ist die Ableitung

$$\mathrm{d}(\boldsymbol{r} \times \boldsymbol{v})/\mathrm{d}t = 0 .$$

Die Durchführung der Differentiation ergibt

$$\frac{\mathrm{d}}{\mathrm{d}t}(\boldsymbol{r} \times \boldsymbol{v}) = \left(\frac{\mathrm{d}\boldsymbol{r}}{\mathrm{d}t} \times \boldsymbol{v}\right) + \left(\boldsymbol{r} \times \frac{\mathrm{d}\boldsymbol{v}}{\mathrm{d}t}\right) = (\boldsymbol{v} \times \boldsymbol{v}) + (\boldsymbol{r} \times \boldsymbol{a}) = \boldsymbol{r} \times \boldsymbol{a} .$$

Es ist also das Vektorprodukt

$$\boldsymbol{r} \times \boldsymbol{a} = 0 .$$

Da weder $\boldsymbol{r}$ noch $\boldsymbol{a}$ – die Bahn ist ja gekrümmt! – Null sind, kann $\boldsymbol{r} \times \boldsymbol{a}$ nur verschwinden, wenn $\boldsymbol{a}$ parallel oder antiparallel zu $\boldsymbol{r}$ ist. Im Falle der Planetenbewegung liegt Antiparallelität vor, die Beschleunigung ist zum Zentrum hin, also entgegen $\boldsymbol{r}$ gerichtet.

Der hier für die Planetenbewegung betrachtete Flächensatz gilt allgemein für Bewegungen, die Körper unter dem Einfluß einer zu oder von einem festen Zentrum gerichteten Kraft, einer *Zentralkraft*, ausführen. Er gilt also nicht nur für elliptische (speziell: kreisförmige) Bahnen, sondern auch für hyperbolische Bahnen, wie sie z. B. von nur einmalig auftauchenden Kometen beschrieben werden, oder von α-Partikeln unter der abstoßenden Kraft eines (positiv geladenen) Atomkerns.

Das beschleunigte, jedoch nicht rotierende Bezugssystem. Der Ursprung eines sich nicht drehenden Koordinaten- bzw. Bezugssystems S′ (gestrichenes System) bewege sich relativ zu einem ruhenden (ungestrichenen) System S (Abb. 78). Die Bewegung erfolge beschleunigt. Die Geschwindigkeit von S′, die zugleich die Geschwindigkeit jedes seiner Punkte, also auch von O′ ist, heißt *Führungsgeschwindigkeit* $\boldsymbol{v}_\mathrm{f}$, die Beschleunigung ist die *Führungsbeschleunigung* $\boldsymbol{a}_\mathrm{f} = \mathrm{d}\boldsymbol{v}_\mathrm{f}/\mathrm{d}t$.

Bewegt sich P, dann ist in S seine Geschwindigkeit die zeitliche Ableitung von $\boldsymbol{r}$, in S′ dagegen die von $\boldsymbol{r}'$:

$$\boldsymbol{v} = \mathrm{d}\boldsymbol{r}/\mathrm{d}t \quad \text{und} \quad \boldsymbol{v}' = \mathrm{d}\boldsymbol{r}'/\mathrm{d}t.$$

Zwischen dem gestrichenen und dem ungestrichenen Ortsvektor eines Punktes P besteht gemäß Abb. 78 die Beziehung

$$\boldsymbol{r} = \boldsymbol{s} + \boldsymbol{r}' .$$

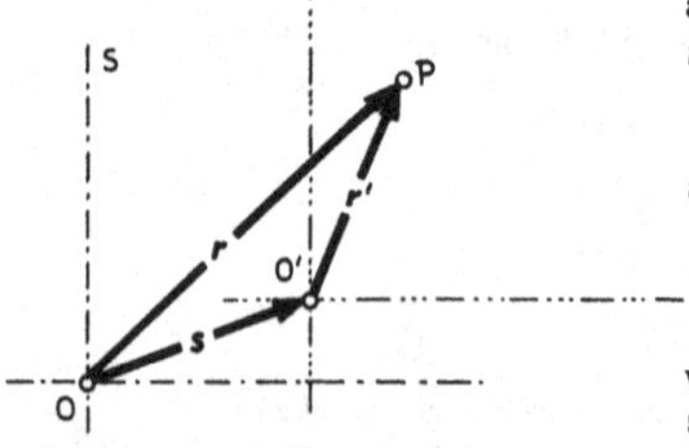

Abb. 78. Bewegtes Bezugssystem

Der Zusammenhang zwischen $\boldsymbol{v}$ und $\boldsymbol{v}'$ folgt aus der Differentiation dieser Gleichung $\boldsymbol{r} = \boldsymbol{s} + \boldsymbol{r}'$ nach der Zeit:

$$\frac{\mathrm{d}}{\mathrm{d}t}(\boldsymbol{r}) = \frac{\mathrm{d}}{\mathrm{d}t}(\boldsymbol{s} + \boldsymbol{r}'),$$

also

$$\boldsymbol{v} = \frac{\mathrm{d}\boldsymbol{s}}{\mathrm{d}t} + \boldsymbol{v}'$$

Nun ist aber $\mathrm{d}\boldsymbol{s}/\mathrm{d}t$ die Geschwindigkeit von O′ gegenüber S, also die Führungsgeschwindigkeit $\boldsymbol{v}_\mathrm{f}$. Wir erhalten damit

$$\boldsymbol{v} = \boldsymbol{v}_\mathrm{f} + \boldsymbol{v}' .$$

Für die Beschleunigungen erhält man durch weitere Differentiation nach t

$$\boldsymbol{a} = \boldsymbol{a}_f + \boldsymbol{a}',$$

bzw.

$$\boldsymbol{a}' = \boldsymbol{a} - \boldsymbol{a}_f.$$

Interpretiert man die Beschleunigungen als Folge von Kräften, die auf einen punktförmigen Körper mit der Masse m einwirken, d. h. setzt man

$$\boldsymbol{a}' = \boldsymbol{F}'/m \quad \text{und} \quad \boldsymbol{a} = \boldsymbol{F}/m,$$

so muß man auch eine Kraft $\boldsymbol{a}_f\, m$ oder $-\boldsymbol{a}_f$ m annehmen, wobei man sich meist für die letztere Form entschließt und sie als Trägheitskraft

$$\boldsymbol{F}_{tr} = -m\,\boldsymbol{a}_f$$

bezeichnet. Es gilt dann

$$\boldsymbol{F}' = \boldsymbol{F} + \boldsymbol{F}_{tr}.$$

Die Kraft im System S′ setzt sich also aus der Kraft $\boldsymbol{F}$, die in S festgestellt wird, und der zusätzlichen Trägheitskraft zusammen. Die Trägheitskraft wird anschaulich, wenn wir einen in S′ ruhenden oder zumindest dort nur gleichförmig bewegten Massenpunkt betrachten. Denn in diesem Fall ist $\boldsymbol{a}' = 0$, also $m\,\boldsymbol{a}' = \boldsymbol{F}' = 0$ und somit

$$\boldsymbol{F} + \boldsymbol{F}_{tr} = 0 \quad \text{oder} \quad \boldsymbol{F}_{tr} = -\boldsymbol{F}.$$

Wird also ein System beschleunigt, so wirkt auf einen in ihm ruhenden (oder relativ zu ihm gleichförmig bewegten) Körper außer der Beschleunigungskraft $\boldsymbol{F} = m\,\boldsymbol{a}$ eine dieser entgegengerichtete Trägheitskraft $\boldsymbol{F}_{tr} = -m\,\boldsymbol{a}$. Die Kräftesumme (im beschleunigten System!) ist Null.

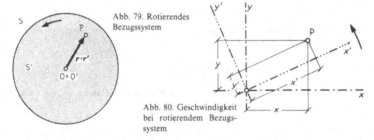

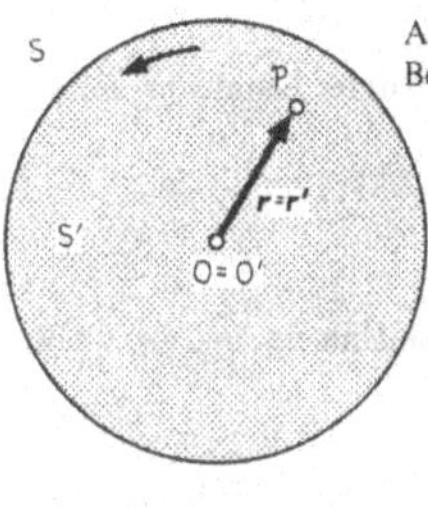

Abb. 79. Rotierendes Bezugssystem

Abb. 80. Geschwindigkeit bei rotierendem Bezugssystem

Das rotierende Bezugssystem. Ein Bezugssystem S′ drehe sich gegenüber einem ruhenden Bezugssystem S. Die Ortsvektoren zu den Punkten des Raumes mögen für beide Bezugssysteme von einem Punkt der Drehachse ausgehen; mit anderen Worten: verbinden wir mit jedem Bezugssystem ein Koordinatensystem, so falle der Ursprung O′ mit O zusammen, und die Drehung erfolge um eine Achse durch O. Die Ortsvektoren, die zu einem Punkt P führen, hängen außer von der Lage von P nur von O bzw. O′ ab, sie sind wegen O = O′ in beiden Bezugssystemen die gleichen (Abb. 79). Die Drehung des Systems S′ hat keinen Einfluß auf den Vektor $\boldsymbol{r} = \boldsymbol{r}'$, wohl aber auf seine Koordinaten. In Abb. 80, wo sich S′ z. B. um die z-Achse drehe und wo der Punkt P relativ zu S ruhen möge, sind zwar die Koordinaten x und y konstant, nicht aber x' und y'. Der Punkt P führt für einen mit S′ rotierenden Beobachter eine Drehbewegung mit der Winkelgeschwindigkeit $-\vec{\omega}$ aus, wenn wir unter $\vec{\omega}$ den Vektor der Winkelgeschwindigkeit von S' gegenüber S verstehen.

Wir wollen die Geschwindigkeit, die das System S' an der Stelle P gegenüber S hat, als Umfangsgeschwindigkeit $\boldsymbol{v}_u$ bezeichnen; sie ist

$$\boldsymbol{v}_u = \vec{\omega} \times \boldsymbol{r}\,.$$

Ruht, wie bereits angenommen, P in S, dann hat er relativ zu S' eine $\boldsymbol{v}_u$ entgegengerichtete Geschwindigkeit, also $-\boldsymbol{v}_u$.

Bewegt sich der Punkt P relativ zu S mit einer Geschwindigkeit $\boldsymbol{v}$, so wird er sich relativ zu S' mit

$$\boldsymbol{v}' = \boldsymbol{v} - \boldsymbol{v}_u = \boldsymbol{v} - (\vec{\omega} \times \boldsymbol{r})$$

bewegen. Als Transformationsgleichungen für die Geschwindigkeit erhalten wir also

$$\boldsymbol{v}' = \boldsymbol{v} - (\vec{\omega} \times \boldsymbol{r}) \quad \text{bzw.} \quad \boldsymbol{v} = \boldsymbol{v}' + (\vec{\omega} \times \boldsymbol{r})\,.$$

Während also für den Beobachter in S

$$\mathrm{d}\boldsymbol{r}/\mathrm{d}t = \boldsymbol{v}$$

ist, ergibt die „gleiche" mathematische Operation im System S', nämlich die Differentiation nach der Zeit

$$\mathrm{d}\boldsymbol{r}/\mathrm{d}t = \boldsymbol{v}' \qquad (\boldsymbol{r}' = \boldsymbol{r}),$$

also einen anderen Wert. Wir müssen deshalb genau zwischen einer zeitlichen Differentiation in S und einer solchen in S' unterscheiden, und versehen das Operationssymbol (den Operator) d/dt deshalb mit einem Strich, wenn er in S' wirksam sein soll, während wir ihn in S ungestrichen lassen. Dann tritt in der mathematischen Schreibweise keine Unklarheit mehr auf, und es ist

$$\mathrm{d}\boldsymbol{r}/\mathrm{d}t = \boldsymbol{v}$$

dagegen

$$\mathrm{d}'\boldsymbol{r}/\mathrm{d}t = \boldsymbol{v}'\,.$$

Schreiben wir die Transformationsgleichung $\boldsymbol{v} = \boldsymbol{v}' + (\vec{\omega} \times \boldsymbol{r})$ unter Benutzung dieser Darstellungsform, also

$$\frac{\mathrm{d}}{\mathrm{d}t}\boldsymbol{r} = \left(\frac{\mathrm{d}'}{\mathrm{d}t}\boldsymbol{r}\right) + (\vec{\omega} \times \boldsymbol{r}),$$

so können wir auf der rechten Seite den Vektor $\boldsymbol{r}$ symbolisch ausklammern, und sie erhält folgende Form

$$\frac{\mathrm{d}}{\mathrm{d}t}\boldsymbol{r} = \left(\frac{\mathrm{d}'}{\mathrm{d}t} + \vec{\omega} \times\right)\boldsymbol{r}\,.$$

Wir bringen damit zum Ausdruck, daß die zeitliche Differentiation d/dt in S gleichbedeutend ist mit der zeitlichen Differentiation d'/dt in S' und der Hinzufügung des Vektorproduktes mit $\vec{\omega}$ als erstem Faktor. Wir schreiben diese Aussage unmittelbar als Transformationsgleichung für die Operation d/dt und d'/dt an:

$$\frac{\mathrm{d}}{\mathrm{d}t} = \frac{\mathrm{d}'}{\mathrm{d}t} + \vec{\omega} \times\,.$$

Ausgerüstet mit dieser Formel können wir nun auch an die Transformationsgleichung für die Beschleunigung des Punktes P in S bzw. S' herangehen. Die Beschleunigung $\boldsymbol{a}$ in S ist die in S vorzunehmende zeitliche Ableitung von $\boldsymbol{v}$, die Beschleunigung $\boldsymbol{a}'$ ist die in S' vorzunehmende zeitliche Ableitung von $\boldsymbol{v}'$, also

$$\boldsymbol{a} = \mathrm{d}\boldsymbol{v}/\mathrm{d}t \quad \text{und} \quad \boldsymbol{a}' = \mathrm{d}'\boldsymbol{v}/\mathrm{d}t\,.$$

Um den Zusammenhang zwischen $\boldsymbol{a}$ uns $\boldsymbol{a}'$ zu erhalten, differenzieren wir die Transformationsgleichung

$$\boldsymbol{v} = \boldsymbol{v}' + (\vec{\omega} \times \boldsymbol{r})$$

z. B. im System S nach der Zeit:

$$\frac{\mathrm{d}}{\mathrm{d}t}\boldsymbol{v} = \frac{\mathrm{d}}{\mathrm{d}t}\{\boldsymbol{v}' + (\vec{\omega} \times \boldsymbol{r})\} = \frac{\mathrm{d}}{\mathrm{d}t}\boldsymbol{v}' + \frac{\mathrm{d}}{\mathrm{d}t}(\vec{\omega} \times \boldsymbol{r}).$$

Für den ersten Summanden rechts transformieren wir auch den Operator d/dt; wir erhalten dann

$$\frac{\mathrm{d}}{\mathrm{d}t}\boldsymbol{v} = \left(\frac{\mathrm{d}'}{\mathrm{d}t} + \vec{\omega}\times\right)\boldsymbol{v}' + \frac{\mathrm{d}}{\mathrm{d}t}(\vec{\omega}\times\boldsymbol{r}) = \frac{\mathrm{d}'\boldsymbol{v}'}{\mathrm{d}t} + (\vec{\omega}\times\boldsymbol{v}') + \frac{\mathrm{d}}{\mathrm{d}t}(\vec{\omega}\times\boldsymbol{r}).$$

Da $\vec{\omega}$ als konstant angenommen ist, ergibt die Differentiation des letzten Summanden auf der rechten Seite

$$\frac{\mathrm{d}}{\mathrm{d}t}(\vec{\omega}\times\boldsymbol{r}) = \vec{\omega}\times\frac{\mathrm{d}\boldsymbol{r}}{\mathrm{d}t} = \vec{\omega}\times\boldsymbol{v}\,.$$

Setzen wir hierin $\boldsymbol{v} = \boldsymbol{v}' + \boldsymbol{v}_{\mathrm{u}}$, so folgt

$$\frac{\mathrm{d}}{\mathrm{d}t}(\vec{\omega}\times\boldsymbol{r}) = (\vec{\omega}\times\boldsymbol{v}') + (\vec{\omega}\times\boldsymbol{v}_{\mathrm{u}}),$$

und wir erhalten als Transformationsgleichung

$$\frac{\mathrm{d}\boldsymbol{v}}{\mathrm{d}t} = \frac{\mathrm{d}'\boldsymbol{v}'}{\mathrm{d}t} + 2(\vec{\omega}\times\boldsymbol{v}') + (\vec{\omega}\times\boldsymbol{v}_{\mathrm{u}}),$$

oder

$$\boldsymbol{a} = \boldsymbol{a}' + 2(\vec{\omega}\times\boldsymbol{v}') + (\vec{\omega}\times\boldsymbol{v}_{\mathrm{u}}).$$

Für $\boldsymbol{a}'$ ergibt sich daraus

$$\boldsymbol{a}' = \boldsymbol{a} - 2(\vec{\omega}\times\boldsymbol{v}') - (\vec{\omega}\times\boldsymbol{v}_{\mathrm{u}}) = \boldsymbol{a} + 2(\boldsymbol{v}'\times\vec{\omega}) + (\boldsymbol{v}_{\mathrm{u}}\times\vec{\omega}).$$

Unterliegt also ein Punkt P im System S einer Beschleunigung $\boldsymbol{a}$, so unterliegt er in S′ zwei weiteren, zusätzlichen Beschleunigungen, nämlich $2(\boldsymbol{v}'\times\vec{\omega})$ und $(\boldsymbol{v}_{\mathrm{u}}\times\vec{\omega})$. Man bezeichnet erstere als *Coriolisbeschleunigung*

$$\boldsymbol{a}_{\mathrm{c}} = 2(\boldsymbol{v}'\times\vec{\omega}),$$

letztere als *Zentrifugalbeschleunigung*

$$\boldsymbol{a}_{\mathrm{z}} = \boldsymbol{v}_{\mathrm{u}}\times\vec{\omega}.$$

Befindet sich am Ort von P ein punktförmiger Körper mit der Masse m, so lassen sich die Beschleunigungen als die Folgen von Kräften interpretieren. Im rotierenden Bezugssystem werden somit zwei zusätzliche Kräfte wirksam, die *Corioliskraft*

$$\boldsymbol{F}_{\mathrm{c}} = m\,\boldsymbol{a}_{\mathrm{c}} = 2m(\boldsymbol{v}'\times\vec{\omega})$$

und die *Zentrifugalkraft*

$$\boldsymbol{F}_{\mathrm{z}} = m\,\boldsymbol{a}_{\mathrm{z}} = m(\boldsymbol{v}_{\mathrm{u}}\times\vec{\omega}),$$

und es gilt für die Kraft die Transformationsgleichung

$$\boldsymbol{F}' = \boldsymbol{F} + \boldsymbol{F}_{\mathrm{c}} + \boldsymbol{F}_{\mathrm{z}}\,.$$

Die Kräfte $\boldsymbol{F}_c$ und $\boldsymbol{F}_z$ werden als Trägheitskräfte bezeichnet. Sie sind nur im System S′ feststellbar. Das wollen wir uns an zwei Sonderfällen deutlich machen.

Wir nehmen einmal an, daß der punktförmige Körper in S′ ruht, daß er also zusammen mit S′ eine Kreisbewegung relativ zu S ausführt. In diesem Fall ist $\boldsymbol{v}' = 0$ und somit $\boldsymbol{F}_c = 2m(\boldsymbol{v}' \times \vec{\omega}) = 0$. Während der Beobachter in S die Kreisbewegung des Körpers nur aus dem Wirken einer zur Drehachse gerichteten Kraft $\boldsymbol{F}$ verstehen kann, ist der Körper für einen Beobachter in S′ in Ruhe. Er stellt also $\boldsymbol{F}' = 0$ fest. Damit bleibt als Transformationsgleichung übrig

$$0 = \boldsymbol{F} + \boldsymbol{F}_z .$$

Darin kommt zum Ausdruck, daß in S′ durch das Hinzutreten von $\boldsymbol{F}_z$ die Wirkung von $\boldsymbol{F}$ aufgehoben wird. In diesem Fall ist dann

$$\boldsymbol{F} = -\boldsymbol{F}_z = -m(\boldsymbol{v}_u \times \vec{\omega}) = m(\vec{\omega} \times \boldsymbol{v}_u)$$

die Zentripetalkraft, sie hat die Richtung der Bewegungsnormalen $\boldsymbol{n}$ (Abb. 81 a). Setzt man für $\boldsymbol{v}_u = \vec{\omega} \times \vec{\rho}$, so wird wegen der Orthogonalität von $\vec{\omega}$ und $\vec{\rho}$ der Betrag

$$v_u = \omega \rho ,$$

woraus

$$\omega = v_u / \rho$$

folgt. Außerdem wird wegen der Orthogonalität von $\vec{\omega}$ und $\boldsymbol{v}_u$ der Betrag von $(\vec{\omega} \times \boldsymbol{v}_u)$ gleich

$$|\vec{\omega} \times \boldsymbol{v}_u| = \omega v_u = v_u^2 / \rho .$$

Wir erhalten somit als Zentripetalkraft (Radialkraft)

$$\boldsymbol{F}_r = \boldsymbol{F} = \boldsymbol{n}\, m v_u^2 / \rho ,$$

also den gleichen Ausdruck wie auf Seite 58, wo lediglich die Umfangsgeschwindigkeit mit $\boldsymbol{v}$ statt mit $\boldsymbol{v}_u$ bezeichnet worden war.

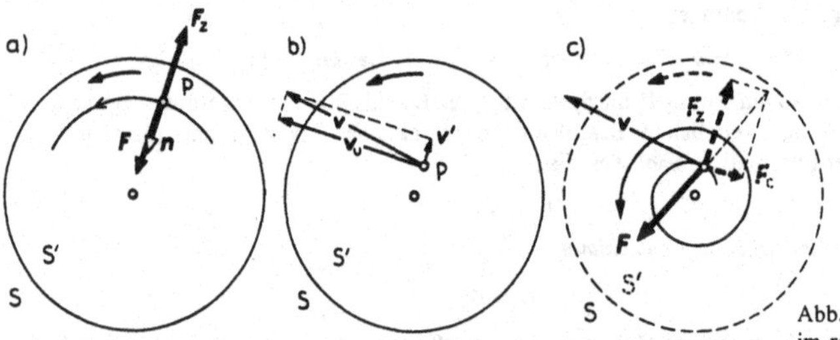

Abb. 81. Kräfte im rotierenden Bezugssystem

Im zweiten Sonderfall, den wir in Abb. 81 b betrachten wollen, bewege sich der Körper in S′ mit konstanter Geschwindigkeit $\boldsymbol{v}'$ radial nach außen. Auch in diesem Fall ist (jetzt wegen der Gleichförmigkeit der Bewegung in S′) $\boldsymbol{a}' = 0$ bzw. $\boldsymbol{F}' = 0$, so daß

$$0 = \boldsymbol{F} + \boldsymbol{F}_c + \boldsymbol{F}_z$$

gilt. Zu der Kraft $\boldsymbol{F}$, die für den Beobachter in S dafür sorgt, daß sich der Körper mit konstanter Winkelgeschwindigkeit, also mit zunehmender Bahngeschwindigkeit auf einer Spiralbahn gemäß Abb. 81 c bewegt, fügen sich für den Beobachter in S′ die Trägheitskräfte $\boldsymbol{F}_c$ und $\boldsymbol{F}_z$ hinzu, so daß für ihn die Bewegung kräftefrei, nämlich gleichförmig und geradlinig wird. Fährt z. B. der Körper längs einer radialen Führungsschiene nach außen, so wirkt sich $\boldsymbol{F}_c$ als eine Kraft des Körpers quer zu ihr, und zwar in Richtung von $-\boldsymbol{v}_u$ aus. Denn mit der radialen Bewegung nach außen wächst ja seine Umfangsgeschwindigkeit, er wird also in Richtung $\boldsymbol{v}_u$ beschleunigt, seine Trägheitskraft gegen diese Beschleunigung ist

$$\boldsymbol{F}_c = 2m(\boldsymbol{v}' \times \vec{\omega}).$$

Weil aber $\boldsymbol{v}'$ die Richtung von $\vec{\rho}$ hat, hat somit $\boldsymbol{F}_c$ die Richtung von $\vec{\rho} \times \vec{\omega}$, die genau entgegengesetzt von $\vec{\omega} \times \vec{\rho} = \boldsymbol{v}_u$ ist.

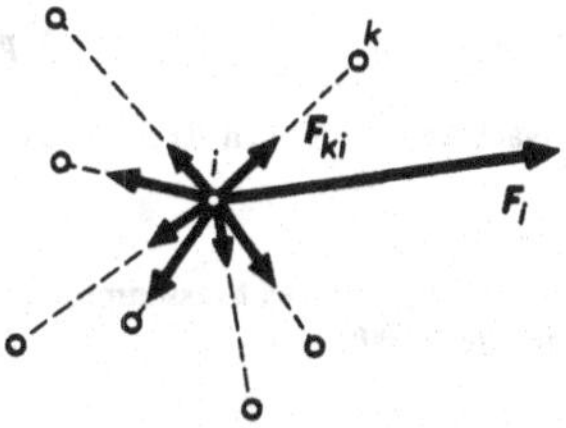

Abb. 82. Innere Kräfte und äußere Kraft an einem Punkt eines Systems von Massenpunkten (Die inneren Kräfte sind als Anziehungskräfte gezeichnet)

Die Bewegungsgleichung eines Systems von Massenpunkten. Innerhalb eines Kraftfeldes mögen sich mehrere Massenpunkte (punktförmige, träge Körper) befinden, die sowohl den Kräften des äußeren Feldes als auch gegenseitigen Kraftwirkungen unterliegen. Wir denken uns die Massenpunkte und die an ihnen angreifenden äußeren Kräfte gleich numeriert, am i-ten Massenpunkt greife demnach die äußere Kraft $\boldsymbol{F}_i$ an (Abb. 82). Die gegenseitigen Kraftwirkungen der Massenpunkte aufeinander äußern sich in den sogenannten inneren Kräften; die vom k-ten auf den i-ten Massenpunkt ausgeübte innere Kraft sei $\boldsymbol{F}_{ki}$. Die zu $\boldsymbol{F}_{ki}$ gehörende Gegenkraft ist die vom i-ten auf den k-ten Punkt zurückwirkende Kraft $\boldsymbol{F}_{ik}$. Es gilt

$$\boldsymbol{F}_{ik} = -\boldsymbol{F}_{ki}.$$

Daraus folgt auch, daß

$$\boldsymbol{F}_{ii} = -\boldsymbol{F}_{ii} = 0$$

sein muß, daß also ein Massenpunkt auf sich selbst keine Kraft ausübt.

Unter dem Einfluß von $\boldsymbol{F}_i$ und aller $\boldsymbol{F}_{ki}$ erfährt der i-te Massenpunkt eine Impulsänderung $\mathrm{d}\boldsymbol{p}_i/\mathrm{d}t = \dot{\boldsymbol{p}}_i$ (Impuls $\boldsymbol{p}_i = m_i \boldsymbol{v}_i$), und es gilt das Grundgesetz der Dynamik

$$\dot{\boldsymbol{p}}_i = \boldsymbol{F}_i + \sum_k \boldsymbol{F}_{ki}.$$

Summiert man über das ganze System, so erhält man

$$\sum_i \dot{\boldsymbol{p}}_i = \sum_i \boldsymbol{F}_i + \sum_i \sum_k \boldsymbol{F}_{ki} = \sum_i \boldsymbol{F}_i,$$

denn es ist

$$\sum_i \sum_k \boldsymbol{F}_{ki} = 0,$$

da sich bei der Summierung jede innere Kraft $\boldsymbol{F}_{mn}$ mit ihrer Gegenkraft $\boldsymbol{F}_{nm} = -\boldsymbol{F}_{mn}$ aufhebt.

Man definiert als Massenmittelpunkt, bzw. als seinen Ortsvektor den Vektor

$$\boldsymbol{r}^* = (\sum_i m_i \boldsymbol{r}_i)/\sum_i m_i .$$

Infolgedessen ist

$$\sum_i m_i \boldsymbol{r}_i = \boldsymbol{r}^* \sum m_i ,$$

woraus durch Differentiation nach der Zeit folgt

$$\sum_i \boldsymbol{p}_i = \sum_i m_i \dot{\boldsymbol{r}}_i = \dot{\boldsymbol{r}}^* \sum_i m_i ,$$

und nach nochmaliger Differentiation

$$\sum_i \dot{\boldsymbol{p}}_i = \sum_i m_i \ddot{\boldsymbol{r}}_i = \ddot{\boldsymbol{r}}^* \sum_i m_i .$$

Nach der vorherigen Rechnung folgt daraus schließlich

$$\ddot{\boldsymbol{r}}^* \sum_i m_i = \sum_i \boldsymbol{F}_i .$$

Die Bewegung des Massenmittelpunktes unterliegt nur der Wirkung äußerer, nicht aber innerer Kräfte!

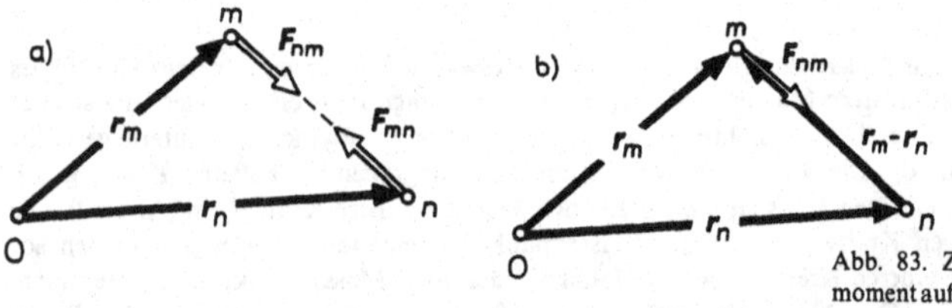

Abb. 83. Zum Drehmoment auf ein System von Massenpunkten

Das Drehmoment auf ein System von Massenpunkten. Stellt man eine analoge Überlegung wie für die Kräfte auch für die Drehmomente $\boldsymbol{M}_i$ (bezüglich des Koordinatenursprungs als Drehpunkt) an, so erhält man für den i-ten Massenpunkt

$$\boldsymbol{M}_i = \boldsymbol{r}_i \times (\boldsymbol{F}_i + \sum_k \boldsymbol{F}_{ki})$$

und für das gesamte System

$$\boldsymbol{M} = \sum_i \boldsymbol{M}_i = \sum_i (\boldsymbol{r}_i \times \boldsymbol{F}_i) + \sum_i \sum_k (\boldsymbol{r}_i \times \boldsymbol{F}_{ki}) .$$

Der zweite Summand auf der rechten Seite verschwindet, denn bei der Summierung lassen sich jeweils Paare von der Form $(\boldsymbol{r}_m \times \boldsymbol{F}_{nm}) + (\boldsymbol{r}_n \times \boldsymbol{F}_{mn})$ zusammenfassen, die sich gegenseitig aufheben. Wie man in Abb. 83a sieht, wirken $\boldsymbol{F}_{nm}$ und $\boldsymbol{F}_{mn} = -\boldsymbol{F}_{nm}$ längs derselben Geraden (längs derselben *Wirkungslinie*), also ist

$$\boldsymbol{r}_n \times \boldsymbol{F}_{mn} = \boldsymbol{r}_m \times \boldsymbol{F}_{mn} = -\boldsymbol{r}_m \times \boldsymbol{F}_{nm}$$

und somit

$$(\boldsymbol{r}_m \times \boldsymbol{F}_{nm}) + (\boldsymbol{r}_n \times \boldsymbol{F}_{mn}) = 0 .$$

Das Verschwinden von $\sum_i \sum_k (\boldsymbol{r}_i \times \boldsymbol{F}_{ki})$ läßt sich etwas mehr formal durch die Vektorrechnung auch wie folgt zeigen: Jedes Paar $(\boldsymbol{r}_n \times \boldsymbol{F}_{mn}) + (\boldsymbol{r}_m \times \boldsymbol{F}_{nm})$ läßt sich mit $\boldsymbol{F}_{mn} = -\boldsymbol{F}_{nm}$ umformen zu

$$(\boldsymbol{r}_n \times \boldsymbol{F}_{mn}) + (\boldsymbol{r}_m \times \boldsymbol{F}_{nm}) = -(\boldsymbol{r}_n \times \boldsymbol{F}_{nm}) + (\boldsymbol{r}_m \times \boldsymbol{F}_{nm}) = (\boldsymbol{r}_m - \boldsymbol{r}_n) \times \boldsymbol{F}_{nm}.$$

Da aber, wie man aus Abb. 83b erkennt, $\boldsymbol{F}_{nm}$ kollinear mit $(\boldsymbol{r}_m - \boldsymbol{r}_n)$ ist, verschwindet das äußere Produkt $(\boldsymbol{r}_m - \boldsymbol{r}_n) \times \boldsymbol{F}_{nm}$ und somit das betrachtete Paar der Drehmomente.

Damit verbleibt als gesamtes Drehmoment

$$\boldsymbol{M} = \sum_i (\boldsymbol{r}_i \times \boldsymbol{F}_i).$$

Die inneren Kräfte tragen nicht zum Drehmoment auf das gesamte System bei!

Dralländerung und Drehmoment auf ein System von Massenpunkten. Definiert man als Drall des i-ten Massenpunktes (bezüglich O) das Vektorprodukt

$$\boldsymbol{L}_i = \boldsymbol{r}_i \times \boldsymbol{p}_i = \boldsymbol{r}_i \times m_i \dot{\boldsymbol{r}}_i,$$

so ist

$$\dot{\boldsymbol{L}}_i = (\dot{\boldsymbol{r}}_i \times \boldsymbol{p}_i) + (\boldsymbol{r}_i \times \dot{\boldsymbol{p}}_i) = (\dot{\boldsymbol{r}}_i \times m_i \dot{\boldsymbol{r}}_i) + (\boldsymbol{r}_i \times m_i \ddot{\boldsymbol{r}}_i).$$

Hierin ist jedoch wegen der Kollinearität der beiden Faktoren der erste Summand $(\dot{\boldsymbol{r}}_i \times m_i \dot{\boldsymbol{r}}_i)$ gleich Null, so daß

$$\dot{\boldsymbol{L}}_i = \boldsymbol{r}_i \times m_i \ddot{\boldsymbol{r}}_i = \boldsymbol{r}_i \times \boldsymbol{F}_i$$

übrigbleibt. Infolgedessen können wir auch schreiben

$$\boldsymbol{M} = \sum_i (\boldsymbol{r}_i \times \boldsymbol{F}_i) = \sum_i \dot{\boldsymbol{L}}_i,$$

und kommen schließlich unter Zusammenfassung aller $\boldsymbol{L}_i$ zum Gesamtdrall des Systems

$$\boldsymbol{L} = \sum_i \boldsymbol{L}_i \qquad (\dot{\boldsymbol{L}} = \sum_i \dot{\boldsymbol{L}}_i)$$

zu der Formulierung des dynamischen Grundgesetzes für die Drehbewegung von Systemen von Massenpunkten:

$$\boldsymbol{M} = \dot{\boldsymbol{L}}.$$

Da auch starre Körper Systeme von Massenpunkten darstellen, gilt dieses Grundgesetz auch für sie.

3.5 Übungsaufgaben

44. Man zeige mit Hilfe des Grenzüberganges $\Delta t \to 0$, daß

$$\frac{\mathrm{d}}{\mathrm{d}t}(\boldsymbol{A}\boldsymbol{B}) = \frac{\mathrm{d}\boldsymbol{A}}{\mathrm{d}t}\boldsymbol{B} + \boldsymbol{A}\frac{\mathrm{d}\boldsymbol{B}}{\mathrm{d}t}$$

ist. $\boldsymbol{A}\boldsymbol{B}$ ist das dyadische Produkt der von t abhängigen Vektoren $\boldsymbol{A} = \boldsymbol{A}(t)$ und $\boldsymbol{B} = \boldsymbol{B}(t)$.

45. Eine Bahnkurve sei gegeben durch $\boldsymbol{r} = \boldsymbol{r}(t)$. Welche Form hat sie, wenn immer

$$\text{a) } \boldsymbol{r} \times \dot{\boldsymbol{r}} = 0 \quad \text{oder} \quad \text{b) } \boldsymbol{r} \cdot \dot{\boldsymbol{r}} = 0$$

ist?

46. Welche Beschleunigung wird in einem sich mit $\vec{\omega}$ drehenden System S' für einen Punkt mit dem Ortsvektor $\boldsymbol{r}$ festgestellt, der in S ruht?

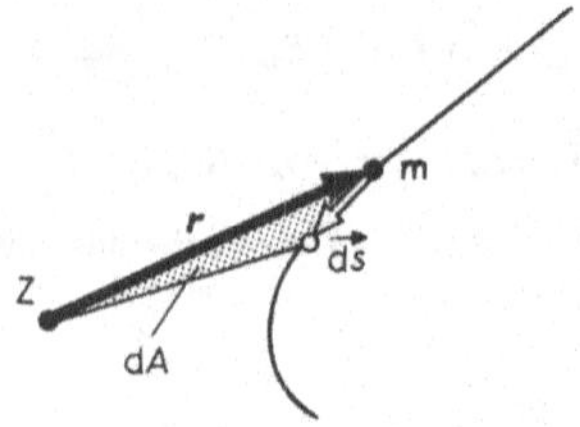

Abb. 84. Zu Aufgabe 45

47. Man leite für die Zentralbewegung eines Massenpunktes aus dem Flächensatz

$$\mathrm{d}A/\mathrm{d}t = \text{konst}$$

den Drehimpuls-Erhaltungssatz (Drehimpuls bezüglich des Zentralkörpers Z)

$$\boldsymbol{L} = \text{konst}$$

ab! (Abb. 84)

48. Man zeige am Beispiel einer gleichförmigen Kreisbewegung mit der Umfangsgeschwindigkeit

$$\boldsymbol{v} = \vec{\omega} \times \vec{\rho}$$

daß

$$|\mathrm{d}\boldsymbol{v}| \neq \mathrm{d}|\boldsymbol{v}|.$$

49. Man beweise durch Ausrechnen in kartesischen Koordinaten, daß

$$\frac{\mathrm{d}}{\mathrm{d}t}(\boldsymbol{A}\cdot\boldsymbol{B}) = \frac{\mathrm{d}\boldsymbol{A}}{\mathrm{d}t}\cdot\boldsymbol{B} + \boldsymbol{A}\cdot\frac{\mathrm{d}\boldsymbol{B}}{\mathrm{d}t}$$

ist.

50. Man beweise durch Ausrechnen in kartesischen Koordinaten, daß

$$\frac{\mathrm{d}}{\mathrm{d}t}(\boldsymbol{A}\times\boldsymbol{B}) = \left(\frac{\mathrm{d}\boldsymbol{A}}{\mathrm{d}t}\times\boldsymbol{B}\right) + \left(\boldsymbol{A}\times\frac{\mathrm{d}\boldsymbol{B}}{\mathrm{d}t}\right)$$

ist.

51. Man zeige durch Ausrechnen in kartesischen Koordinaten, daß $\boldsymbol{v}\cdot\mathrm{d}\boldsymbol{v}/\mathrm{d}t = v\,\mathrm{d}v/\mathrm{d}t$ ist.

52. Ein Punkt bewege sich auf einer Raumkurve $\boldsymbol{r} = \boldsymbol{r}(t)$ mit einer Geschwindigkeit $\boldsymbol{v}$ und einer Beschleunigung $\boldsymbol{a}$. Man zeige, daß

$$|\boldsymbol{v}\times\boldsymbol{a}| = |\boldsymbol{r}''|\,v^3$$

ist. Dabei bedeute $\boldsymbol{r}''$ die zweimalige Ableitung des Ortsvektors nach der Bogenlänge (Weglänge). Hinweis: Man beachte, daß

$$\boldsymbol{v} = \frac{\mathrm{d}\boldsymbol{r}}{\mathrm{d}t} = \frac{\mathrm{d}\boldsymbol{r}}{\mathrm{d}s}\cdot\frac{\mathrm{d}s}{\mathrm{d}t} = \boldsymbol{r}'\,v$$

ist und analog

$$\frac{\mathrm{d}\boldsymbol{r}'}{\mathrm{d}t} = \boldsymbol{r}''\,v.$$

53. In der x-y-Ebene läuft ein Punkt mit konstanter Winkelgeschwindigkeit ω auf einem Kreis mit dem Radius a um. Der Koordinatenursprung falle mit dem Kreismittelpunkt zusammen. Wie lauten die Ausdrücke für $\boldsymbol{r}(t)$ und seine zeitliche Ableitung $\boldsymbol{v} = \dot{\boldsymbol{r}}(t)$ in kartesischen Koordinaten, wenn zur Zeit $t = 0$ der Vektor $\boldsymbol{r}$ die x-Richtung und $\dot{\boldsymbol{r}}$ die y-Richtung hat?

54. Ein Punkt beschreibt eine Schraubenlinie gemäß

$$\boldsymbol{r}(t) = a(\boldsymbol{i}\cos\omega t + \boldsymbol{j}\sin\omega t) + \boldsymbol{k}\,c\,t.$$

Man berechne den Geschwindigkeitsvektor zu irgendeinem Zeitpunkt t und den Betrag der Geschwindigkeit.

55. Man ermittelt für die Schraubenlinie aus Aufgabe 54 die Ausdrücke für das begleitende Dreibein $\boldsymbol{t}$, $\boldsymbol{n}$, $\boldsymbol{b}$. Man beachte: $\boldsymbol{t} = \mathrm{d}\boldsymbol{r}/|\mathrm{d}\boldsymbol{r}| = \dot{\boldsymbol{r}}/|\dot{\boldsymbol{r}}|$!

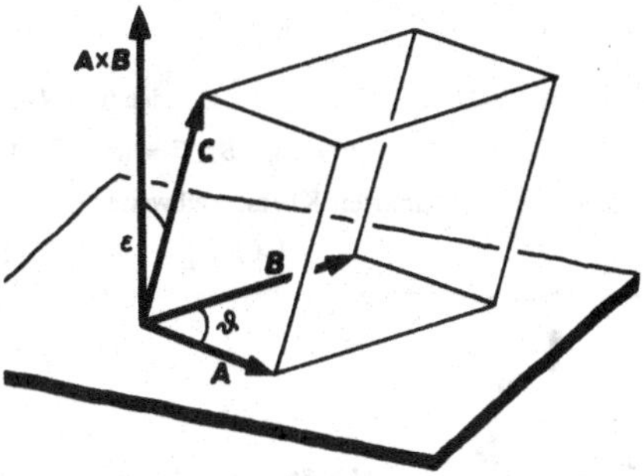

Abb. 85. Zum Spatprodukt

§ 4. Mehrfache Produkte von Vektoren

4.1 Das Spatprodukt

Definition: Sind $\boldsymbol{A}$, $\boldsymbol{B}$, $\boldsymbol{C}$ drei nicht komplanare Vektoren, so läßt sich durch sie — sofern alle drei die Dimension einer Länge haben – ein *räumliches Parallelflach*, ein *Spat* aufspannen (Abb. 85). Die Grundfläche dieses Parallelflachs (auch *Parallelepiped* genannt), ist $|\boldsymbol{A} \times \boldsymbol{B}| = AB \sin \vartheta$, die Höhe ist $C \cos \varepsilon$. Dabei ist ε der Winkel zwischen dem Vektor $\boldsymbol{C}$ und dem Vektor $(\boldsymbol{A} \times \boldsymbol{B})$, der ja als Flächenvektor der Grundfläche auf dieser senkrecht steht. Das Volumen des Parallelflachs erhält man zu

$$V = (AB \sin \vartheta)\, C \cos \varepsilon = |\boldsymbol{A} \times \boldsymbol{B}|\, C \cos \varepsilon\,,$$

was nichts anderes ist als das skalare Produkt aus $(\boldsymbol{A} \times \boldsymbol{B})$ und $\boldsymbol{C}$:

$$V = (\boldsymbol{A} \times \boldsymbol{B}) \cdot \boldsymbol{C}\,.$$

Man schreibt dafür kurz

$$V = [\boldsymbol{A}\,\boldsymbol{B}\,\boldsymbol{C}]\,,$$

man setzt also die drei Vektoren in einer eckigen Klammer einfach hintereinander. Die Vorschrift $[\boldsymbol{A}\,\boldsymbol{B}\,\boldsymbol{C}]$ bedeutet demnach, daß man zuerst das Vektorprodukt $\boldsymbol{A} \times \boldsymbol{B}$ zu bilden und daß man dieses anschließend mit $\boldsymbol{C}$ skalar zu multiplizieren hat.

Unter Verallgemeinerung dieser Vorschrift auf Vektoren beliebiger Dimension ergibt sich damit als Definition des *Volumenproduktes* oder als

■ Definition des Spatproduktes

$$[\boldsymbol{A}\,\boldsymbol{B}\,\boldsymbol{C}] = (\boldsymbol{A} \times \boldsymbol{B}) \cdot \boldsymbol{C} \qquad [21]$$

Eigenschaften des Spatproduktes. Wählen wir in Abb. 85 nicht $(\boldsymbol{A} \times \boldsymbol{B})$ als Grundfläche, sondern $(\boldsymbol{B} \times \boldsymbol{C})$, so erhalten wir das Volumen des Spats zu $V = (\boldsymbol{B} \times \boldsymbol{C}) \cdot \boldsymbol{A}$, oder wegen der Kommutativität des skalaren Produktes zu $V = \boldsymbol{A} \cdot (\boldsymbol{B} \times \boldsymbol{C})$. Somit ist

$$(\boldsymbol{A} \times \boldsymbol{B}) \cdot \boldsymbol{C} = \boldsymbol{A} \cdot (\boldsymbol{B} \times \boldsymbol{C})\,.$$

Die Kreuz- und die Punktmultiplikation im Spatprodukt sind miteinander vertauschbar, wobei jedoch das Kreuzprodukt stets in der Klammer steht. Der Ausdruck $(\boldsymbol{A} \cdot \boldsymbol{B}) \times \boldsymbol{C}$ ist ohne Sinn, denn $(\boldsymbol{A} \cdot \boldsymbol{B})$ ist ein Skalar, der mit $\boldsymbol{C}$ niemals ein Vektorprodukt bilden kann. Die Punktmultiplikation kann also gar nicht vor der Kreuzmultiplikation vorgenommen werden.

Durch Wahl von $(\boldsymbol{A} \times \boldsymbol{B})$, $(\boldsymbol{B} \times \boldsymbol{C})$ oder $(\boldsymbol{C} \times \boldsymbol{A})$ als „Grundfläche" kommt man zu

$$V = (\boldsymbol{A} \times \boldsymbol{B}) \cdot \boldsymbol{C} = (\boldsymbol{B} \times \boldsymbol{C}) \cdot \boldsymbol{A} = (\boldsymbol{C} \times \boldsymbol{A}) \cdot \boldsymbol{B},$$

oder in der vereinbarten Kurzschreibweise

$$[\boldsymbol{A}\,\boldsymbol{B}\,\boldsymbol{C}] = [\boldsymbol{B}\,\boldsymbol{C}\,\boldsymbol{A}] = [\boldsymbol{C}\,\boldsymbol{A}\,\boldsymbol{B}].$$

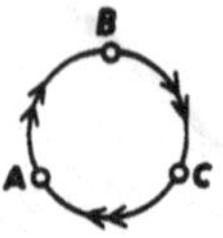

Abb. 86. Zur zyklischen Vertauschung der Faktoren eines Spatproduktes

Ordnet man den drei Vektoren $\boldsymbol{A}$, $\boldsymbol{B}$, $\boldsymbol{C}$ Punkte eines Kreises zu (Abb. 86), so sieht man, daß in allen drei Klammerausdrücken die Reihenfolge der drei Vektoren der Aufeinanderfolge in der Pfeilrichtung der Abb. 86 entspricht. Lediglich der Vektor, mit dem man die Reihenfolge beginnt, ist jedesmal ein anderer. Das Spatprodukt hat somit die Eigenschaft der

■ zyklischen Vertauschbarkeit der Vektoren:

$$[\boldsymbol{A}\,\boldsymbol{B}\,\boldsymbol{C}] = [\boldsymbol{B}\,\boldsymbol{C}\,\boldsymbol{A}] = [\boldsymbol{C}\,\boldsymbol{A}\,\boldsymbol{B}]. \qquad [22]$$

Vertauscht man in $(\boldsymbol{A} \times \boldsymbol{B}) \cdot \boldsymbol{C}$ die beiden Vektoren $\boldsymbol{A}$ und $\boldsymbol{B}$, so ändert das Spatprodukt sein Vorzeichen. Beweis:

$$[\boldsymbol{A}\,\boldsymbol{B}\,\boldsymbol{C}] = (\boldsymbol{A} \times \boldsymbol{B}) \cdot \boldsymbol{C} = -(\boldsymbol{B} \times \boldsymbol{A}) \cdot \boldsymbol{C} = -[\boldsymbol{B}\,\boldsymbol{A}\,\boldsymbol{C}].$$

Bilden die drei Vektoren in der Reihenfolge $\boldsymbol{A}$, $\boldsymbol{B}$, $\boldsymbol{C}$ ein Rechtssystem, so stellt $\boldsymbol{B}$, $\boldsymbol{A}$, $\boldsymbol{C}$ ein Linkssystem dar. Liegt ein Rechtssystem vor, dann ist der Winkel ε zwischen $(\boldsymbol{A} \times \boldsymbol{B})$ und $\boldsymbol{C}$ stets kleiner als 90°, infolgedessen ist $\cos\varepsilon > 0$, und das Spatprodukt hat einen positiven Wert. Ein Spatprodukt aus Vektoren, die in der gewählten Reihenfolge ein Linkssystem bilden, ist dagegen negativ.

Sind zwei Vektoren eines Spatproduktes kollinear, also z. B. $\boldsymbol{B} = \lambda\boldsymbol{A}$, dann wird

$$[\boldsymbol{A}\,\boldsymbol{B}\,\boldsymbol{C}] = (\boldsymbol{A} \times \lambda\boldsymbol{A}) \cdot \boldsymbol{C} = 0,$$

denn das Vektorprodukt $\boldsymbol{A} \times \lambda\boldsymbol{A}$ verschwindet.

Ein Sonderfall der Kollinearität ist die Identität, also z. B. $\boldsymbol{B} = \boldsymbol{A}$. Das Spatprodukt enthält dann zwei gleiche Vektoren. Es gilt somit

$$[\boldsymbol{A}\,\boldsymbol{A}\,\boldsymbol{C}] = 0.$$

Auch bei Komplanarität der drei Vektoren $\boldsymbol{A}$, $\boldsymbol{B}$, $\boldsymbol{C}$ ist $[\boldsymbol{A}\,\boldsymbol{B}\,\boldsymbol{C}] = 0$. Denn dann kann man z. B. $\boldsymbol{C}$ darstellen als

$$\boldsymbol{C} = \lambda\boldsymbol{A} + \mu\boldsymbol{B},$$

und man erhält

$$[\boldsymbol{A}\,\boldsymbol{B}\,\boldsymbol{C}] = (\boldsymbol{A} \times \boldsymbol{B}) \cdot (\lambda\boldsymbol{A} + \mu\boldsymbol{B}) = \lambda(\boldsymbol{A} \times \boldsymbol{B}) \cdot \boldsymbol{A} + \mu(\boldsymbol{A} \times \boldsymbol{B}) \cdot \boldsymbol{B}.$$

Weil aber $(\boldsymbol{A} \times \boldsymbol{B})$ senkrecht zu $\boldsymbol{A}$ und zu $\boldsymbol{B}$ ist, verschwinden beide skalaren Produkte auf der rechten Seite.

Die gezeigten speziellen Fälle der linearen Abhängigkeit der Vektoren eines Spatproduktes sind unmittelbar anschaulich. Man muß nur versuchen, aus den betreffenden Vektoren ein Spat aufzuspannen. Der Versuch mißlingt, das Spatprodukt ist also Null.

Das Spatprodukt in kartesischen Koordinaten. Die skalare Multiplikation innerhalb des Spatproduktes liefert

$$(\boldsymbol{A} \times \boldsymbol{B}) \cdot \boldsymbol{C} = |\boldsymbol{A} \times \boldsymbol{B}|_x C_x + |\boldsymbol{A} \times \boldsymbol{B}|_y C_y + |\boldsymbol{A} \times \boldsymbol{B}|_z C_z ,$$

wenn wir unter $|\boldsymbol{A} \times \boldsymbol{B}|_x$ die skalare x-Komponente von $(\boldsymbol{A} \times \boldsymbol{B})$ verstehen, so wie unter $|\boldsymbol{A} \times \boldsymbol{B}|_y$ und $|\boldsymbol{A} \times \boldsymbol{B}|_z$ die y- bzw. z-Komponente. Da diese Komponenten die Unterdeterminanten zur ersten Reihe der Determinante

$$\boldsymbol{A} \times \boldsymbol{B} = \begin{vmatrix} \boldsymbol{i} & \boldsymbol{j} & \boldsymbol{k} \\ A_x & A_y & A_z \\ B_x & B_y & B_z \end{vmatrix}$$

sind, läßt sich das Spatprodukt als Determinante schreiben:

$$[\boldsymbol{A}\,\boldsymbol{B}\,\boldsymbol{C}] = \begin{vmatrix} C_x & C_y & C_z \\ A_x & A_y & A_z \\ B_x & B_y & B_z \end{vmatrix}$$

Wegen der zyklischen Vertauschbarkeit von **A, B, C** dürfen auch die Zeilen der entsprechenden Determinante zyklisch vertauscht werden; wir schreiben wegen der leichteren Einprägsamkeit deshalb für das

■ Spatprodukt in kartesischen Koordinaten:

$$[\boldsymbol{A}\,\boldsymbol{B}\,\boldsymbol{C}] = \begin{vmatrix} A_x & A_y & A_z \\ B_x & B_y & B_z \\ C_x & C_y & C_z \end{vmatrix} \qquad [23]$$

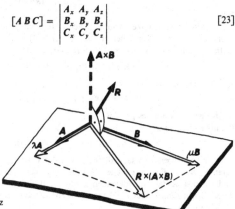

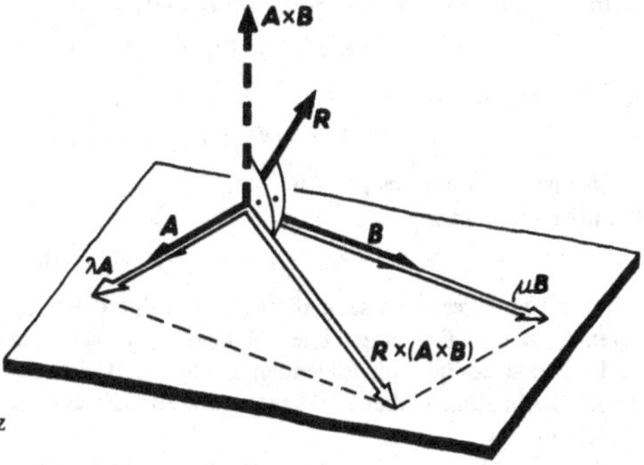

Abb. 87. Zum Entwicklungssatz

4.2 Der Entwicklungssatz

Das zweifache Vektorprodukt $\boldsymbol{R} \times (\boldsymbol{A} \times \boldsymbol{B})$ ergibt einen Vektor, der in der von $\boldsymbol{A}$ und $\boldsymbol{B}$ gebildeten Ebene liegt. Denn $\boldsymbol{R} \times (\boldsymbol{A} \times \boldsymbol{B})$ steht senkrecht auf $(\boldsymbol{A} \times \boldsymbol{B})$, der Vektor $(\boldsymbol{A} \times \boldsymbol{B})$ aber ist selbst senkrecht zu $\boldsymbol{A}$ und zu $\boldsymbol{B}$ (Abb. 87). Wir können somit den Ansatz machen:

$$\boldsymbol{R} \times (\boldsymbol{A} \times \boldsymbol{B}) = \lambda \boldsymbol{A} + \mu \boldsymbol{B} .$$

Um die skalaren Koeffizienten λ und μ zu ermitteln, multiplizieren wir die Gleichung skalar mit dem Vektor $\boldsymbol{R}$. Das ergibt auf der linken Seite das Spatprodukt

$$\boldsymbol{R} \cdot \{\boldsymbol{R} \times (\boldsymbol{A} \times \boldsymbol{B})\} = [\boldsymbol{R}\boldsymbol{R}(\boldsymbol{A} \times \boldsymbol{B})] .$$

Es verschwindet wegen der Gleichheit zweier seiner Faktoren. Somit verbleibt

$$0 = \lambda(\boldsymbol{R} \cdot \boldsymbol{A}) + \mu(\boldsymbol{R} \cdot \boldsymbol{B}),$$

was sich leicht umformen läßt zu

$$\frac{\lambda}{\boldsymbol{R} \cdot \boldsymbol{B}} = -\frac{\mu}{\boldsymbol{R} \cdot \boldsymbol{A}} .$$

Es besteht also zwischen λ und $\boldsymbol{R} \cdot \boldsymbol{B}$ die gleiche Proportionalität wie zwischen μ und $-\boldsymbol{R} \cdot \boldsymbol{A}$. Nennt man den Proportionalitätsfaktor n, so ist

$$\lambda = n\boldsymbol{R} \cdot \boldsymbol{B} \quad \text{und} \quad \mu = -n\boldsymbol{R} \cdot \boldsymbol{A},$$

und das zweifache Vektorprodukt wird

$$\boldsymbol{R} \times (\boldsymbol{A} \times \boldsymbol{B}) = n\,\{(\boldsymbol{R} \cdot \boldsymbol{B})\boldsymbol{A} - (\boldsymbol{R} \cdot \boldsymbol{A})\boldsymbol{B}\} .$$

Da n ein Skalar ist, gilt auch für die Beträge

$$|\boldsymbol{R} \times (\boldsymbol{A} \times \boldsymbol{B})| = n\,|(\boldsymbol{R} \cdot \boldsymbol{B})\boldsymbol{A} - (\boldsymbol{R} \cdot \boldsymbol{A})\boldsymbol{B}|,$$

woraus

$$n = \frac{|\boldsymbol{R} \times (\boldsymbol{A} \times \boldsymbol{B})|}{|(\boldsymbol{R} \cdot \boldsymbol{B})\boldsymbol{A} - (\boldsymbol{R} \cdot \boldsymbol{A})\boldsymbol{B}|}$$

folgt.

Wir berechnen den Wert von n zunächst für einen Sonderfall. Wir nehmen an, daß $\boldsymbol{A}$ senkrecht zu $\boldsymbol{B}$, und $\boldsymbol{R}$ parallel zu $\boldsymbol{B}$ sei. Da $(\boldsymbol{A} \times \boldsymbol{B})$ senkrecht zu $\boldsymbol{B}$ ist, besteht also auch Orthogonalität zwischen $(\boldsymbol{A} \times \boldsymbol{B})$ und $\boldsymbol{R}$. Daraus folgt für den Zähler des Bruches

$$|\boldsymbol{R} \times (\boldsymbol{A} \times \boldsymbol{B})| = R\,|\boldsymbol{A} \times \boldsymbol{B}| = RAB,$$

und für den Nenner

$$|(\boldsymbol{R} \cdot \boldsymbol{B})\boldsymbol{A} - (\boldsymbol{R} \cdot \boldsymbol{A})\boldsymbol{B}| = |(RB)\boldsymbol{A} - 0| = RAB .$$

Also ist $n = 1$, und es gilt der

■ Entwicklungssatz

$$\boldsymbol{R} \times (\boldsymbol{A} \times \boldsymbol{B}) = (\boldsymbol{R} \cdot \boldsymbol{B})\boldsymbol{A} - (\boldsymbol{R} \cdot \boldsymbol{A})\boldsymbol{B} \qquad [24\text{a}]$$

Wir sind zu dieser Aussage allerdings nur durch eine spezielle Annahme über die Vektoren $\boldsymbol{R}$, $\boldsymbol{A}$ und $\boldsymbol{B}$ gelangt. Dies ist keine ganz befriedigende Argumentation gewesen, und es wird deshalb im folgenden gezeigt, daß sich der Entwicklungssatz auch ohne spezielle Annahmen über die Vektoren ergibt. Zu diesem Zweck multiplizieren wir die Gleichung

$$(\boldsymbol{R} \times \boldsymbol{B}) + (\boldsymbol{A} \times \boldsymbol{B}) = (\boldsymbol{R} + \boldsymbol{A}) \times \boldsymbol{B} \qquad [\text{a}]$$

beiderseits skalar mit sich selbst. Wir erhalten für die linke Seite

$$Li = \{(\boldsymbol{R} \times \boldsymbol{B}) + (\boldsymbol{A} \times \boldsymbol{B})\}^2 = (\boldsymbol{R} \times \boldsymbol{B})^2 + (\boldsymbol{A} \times \boldsymbol{B})^2 + 2(\boldsymbol{R} \times \boldsymbol{B}) \cdot (\boldsymbol{A} \times \boldsymbol{B}) .$$

Nach der Regel, daß

$$\begin{aligned}(\boldsymbol{R} \times \boldsymbol{B})^2 = |\boldsymbol{R} \times \boldsymbol{B}|^2 &= (RB\sin\vartheta)^2 = R^2B^2\sin^2\vartheta = R^2B^2(1-\cos^2\vartheta) = \\ &= R^2B^2 - (RB\cos\vartheta)^2 = R^2B^2 - (\boldsymbol{R} \cdot \boldsymbol{B})^2\end{aligned} \qquad [\text{b}]$$

ist, läßt sich diese linke Seite weiter umformen zu

$$Li = R^2B^2-(R \cdot B)^2 + A^2B^2-(A \cdot B)^2 + 2(R \times B) \cdot (A \times B) =$$
$$= (R^2 + A^2)B^2-(R \cdot B)^2-(A \cdot B)^2 + 2(R \times B) \cdot (A \times B).$$

Der letzte Summand ist als mit 2 multipliziertes Spatprodukt aus R, B und $(A \times B)$ darstellbar, also

$$2(R \times B) \cdot (A \times B) = 2[RB(A \times B)] = -2[R(A \times B)B] = -2\{R \times (A \times B)\} \cdot B.$$

Hier taucht bereits das zweifache Vektorprodukt $R \times (A \times B)$ auf, für das wir uns interessieren! Der Ausdruck Li ist damit

$$Li = (R^2 + A^2)B^2-(R \cdot B)^2-(A \cdot B)^2-2\{R \times (A \times B)\} \cdot B.$$

Die rechte Seite der Gleichung [a] ergibt nach der Regel [b]

$$Re = \{(R + A) \times B\}^2 = (R + A)^2B^2-\{(R + A) \cdot B\}^2 =$$
$$= (R^2 + A^2)B^2 + 2(R \cdot A)B^2-\{R \cdot B + A \cdot B\}^2,$$

also

$$Re = (R^2 + A^2)B^2 + 2(R \cdot A)B^2-(R \cdot B)^2-(A \cdot B)^2-2(R \cdot B)(A \cdot B).$$

Setzt man nun $Li = Re$, so heben sich die ersten drei Summanden links mit gleichen Summanden rechts weg, und es bleibt nach Division durch -2

$$\{R \times (A \times B)\} \cdot B = -(R \cdot A)B^2 + (R \cdot B)(A \cdot B). \qquad [c]$$

Setzt man $B^2 = B \cdot B$, so läßt sich B auf der rechten Seite von [c] ausklammern. Das ergibt

$$\{R \times (A \times B)\} \cdot B = \{(R \cdot B)A-(R \cdot A)B\} \cdot B$$

oder

$$\{R \times (A \times B)-(R \cdot B)A + (R \cdot A)B\} \cdot B = 0.$$

Diese Bedingung ist für jeden beliebigen Vektor B gültig, sie ist also im allgemeinen nur erfüllt, wenn

$$R \times (A \times B)-(R \cdot B)A + (R \cdot A)B = 0$$

ist, und somit

$$R \times (A \times B) = (R \cdot B)A-(R \cdot A)B$$

ist. Damit ist gezeigt, daß der Entwicklungssatz für beliebige Vektoren gilt.

Eine einfacher merkbare Form als [24a] erhält man für den Entwicklungssatz, wenn man ihn mit Hilfe dyadischer Produkte anschreibt. Es ist

$$R \times (A \times B) = (R \cdot B)A-(R \cdot A)B = R \cdot BA-R \cdot AB,$$

also

$$R \times (A \times B) = R \cdot (BA-AB).$$

Wie man leicht findet, gilt andererseits

$$(A \times B) \times R = (BA-AB) \cdot R.$$

Der aus den beiden dyadischen Produkten BA und AB gebildete Operator $BA-AB$ entspricht bei *skalarer* Multiplikation mit dem Vektor R dem Vektor $A \times B$, sofern dieser mit R *vektoriell* multipliziert wird. Damit ist der

■ Entwicklungssatz in Operator-Schreibweise

$$\begin{aligned} (A \times B) \times &= (BA-AB) \cdot \\ \times (A \times B) &= \cdot (BA-AB) \end{aligned} \qquad [24b]$$

Bei Vektoren in nichtdreidimensionalen Räumen bezeichnet man den Operator $\boldsymbol{BA}-\boldsymbol{AB}$ als äußeres Produkt. Ein Vektorprodukt wie im dreidimensionalen Raum läßt sich dort nicht definieren.

4.3 Das gemischte Dreifachprodukt

Wir suchen nach einem Ausdruck für $(\boldsymbol{A} \times \boldsymbol{B}) \cdot (\boldsymbol{C} \times \boldsymbol{D})$. Nennen wir $\boldsymbol{A} \times \boldsymbol{B} = \boldsymbol{S}$, so ist

$$(\boldsymbol{A} \times \boldsymbol{B}) \cdot (\boldsymbol{C} \times \boldsymbol{D}) = \boldsymbol{S} \cdot (\boldsymbol{C} \times \boldsymbol{D}) = [\boldsymbol{SCD}] = [\boldsymbol{DSC}] = (\boldsymbol{D} \times \boldsymbol{S}) \cdot \boldsymbol{C}.$$

Schreiben wir nun wieder für $\boldsymbol{S}$ das Produkt $\boldsymbol{A} \times \boldsymbol{B}$, so erhalten wir in der Klammer ein doppeltes Vektorprodukt, das sich nach dem Entwicklungssatz umformen läßt:

$$\begin{aligned}(\boldsymbol{A} \times \boldsymbol{B}) \cdot (\boldsymbol{C} \times \boldsymbol{D}) &= \{\boldsymbol{D} \times (\boldsymbol{A} \times \boldsymbol{B})\} \cdot \boldsymbol{C} = \{(\boldsymbol{D} \cdot \boldsymbol{B})\boldsymbol{A} - (\boldsymbol{D} \cdot \boldsymbol{A})\boldsymbol{B}\} \cdot \boldsymbol{C} = \\ &= (\boldsymbol{D} \cdot \boldsymbol{B})(\boldsymbol{A} \cdot \boldsymbol{C}) - (\boldsymbol{D} \cdot \boldsymbol{A})(\boldsymbol{B} \cdot \boldsymbol{C}).\end{aligned}$$

Wir können die Vektoren auf der rechten Seite auch in anderer Reihenfolge schreiben. Damit ergibt sich für das

■ gemischte Dreifachprodukt

$$(\boldsymbol{A} \times \boldsymbol{B}) \cdot (\boldsymbol{C} \times \boldsymbol{D}) = (\boldsymbol{A} \cdot \boldsymbol{C})(\boldsymbol{B} \cdot \boldsymbol{D}) - (\boldsymbol{B} \cdot \boldsymbol{C})(\boldsymbol{A} \cdot \boldsymbol{D}). \qquad [25]$$

4.4 Die Überschiebung zweier dyadischer Produkte

Unter Überschiebung versteht man die Bildung eines skalaren Produktes. So kann man das skalare Produkt $\boldsymbol{A} \cdot \boldsymbol{B}$ auch als Überschiebung der beiden Vektoren $\boldsymbol{A}$ und $\boldsymbol{B}$ bezeichnen.

Das Zweifachprodukt $\boldsymbol{AB} \cdot \boldsymbol{R}$, mit dessen Hilfe wir auf Seite 35 das dyadische Produkt $\boldsymbol{AB}$ definiert hatten, bedeutet eine Überschiebung von $\boldsymbol{AB}$ mit $\boldsymbol{R}$, und zwar von rechts, denn $\boldsymbol{R}$ steht rechts dahinter. In $\boldsymbol{R} \cdot \boldsymbol{AB}$ ist das dyadische Produkt $\boldsymbol{AB}$ von links mit $\boldsymbol{R}$ überschoben.

Beim dreifachen Produkt $\boldsymbol{AB} \cdot \boldsymbol{CD}$ liegt in der Mitte eine Überschiebung vor. Vereinbarungsgemäß gilt als Definition für die

■ Überschiebung zweier dyadischer Produkte

$$\boldsymbol{AB} \cdot \boldsymbol{CD} = \boldsymbol{A}(\boldsymbol{B} \cdot \boldsymbol{C})\boldsymbol{D} \qquad [26]$$

Der Klammerausdruck $(\boldsymbol{B} \cdot \boldsymbol{C})$ ist ein Skalar und kann daher an anderer Stelle geschrieben werden:

$$\boldsymbol{AB} \cdot \boldsymbol{CD} = \boldsymbol{A}(\boldsymbol{B} \cdot \boldsymbol{C})\boldsymbol{D} = (\boldsymbol{B} \cdot \boldsymbol{C})\boldsymbol{AD} = \boldsymbol{AD}(\boldsymbol{B} \cdot \boldsymbol{C}).$$

Derartige Überschiebungen sind auf beliebig viele dyadische Produkte anwendbar, denn das Ergebnis jeder Überscheibung ist ja immer wieder ein dyadisches Produkt, multipliziert mit einem Skalar. Also

$$\boldsymbol{AB} \cdot \boldsymbol{CD} \cdot \boldsymbol{EF} = \boldsymbol{A}(\boldsymbol{B} \cdot \boldsymbol{C})(\boldsymbol{D} \cdot \boldsymbol{E})\boldsymbol{F} \quad \text{usw.}$$

Das Verfahren gilt auch, wenn vor und hinter einem dyadischen Produkt je ein Vektor steht:

$$\boldsymbol{R} \cdot \boldsymbol{AB} \cdot \boldsymbol{S} = (\boldsymbol{R} \cdot \boldsymbol{A})(\boldsymbol{B} \cdot \boldsymbol{S}).$$

Das Ergebnis ist in diesem Fall ein Skalar.

4.5 Anwendungsbeispiele aus der Geometrie

Der Sinussatz der sphärischen Trigonometrie. Ein sogenanntes sphärisches Dreieck wird durch drei Punkte auf einer Kugel festgelegt. Selbstverständlich dürfen diese drei Punkte nicht auf demselben Großkreis liegen. Die drei Eckpunkte A, B, C in Abb. 88 seien die Spitzen von drei vom Kugelmittelpunkt als Ursprung ausgehenden Ortsvektoren $\boldsymbol{A}, \boldsymbol{B}, \boldsymbol{C}$. Diese haben alle die gleiche Länge, nämlich die des Kugelradius r. Wenn man von den Seiten a, b, c des sphärischen Dreiecks spricht, so meint man die Winkel

$$a = \sphericalangle (\boldsymbol{B},\boldsymbol{C}),$$
$$b = \sphericalangle (\boldsymbol{C},\boldsymbol{A}),$$
$$c = \sphericalangle (\boldsymbol{A},\boldsymbol{B}).$$

Die Winkel α, β, γ des sphärischen Dreiecks sind die Winkel, die die Kreisbögen auf der Kugel, bzw. deren Tangenten miteinander bilden. Es sind zugleich die Winkel, die die von den Vektoren $\boldsymbol{A}, \boldsymbol{B}, \boldsymbol{C}$ gebildeten Ebenen miteinander einschließen. Wir setzen hier und im folgenden voraus, daß die Winkel und Seiten im sphärischen Dreieck alle kleiner als 180° sind.

Wir wollen nun eine Beziehung zwischen Seiten und Winkeln des sphärischen Dreiecks

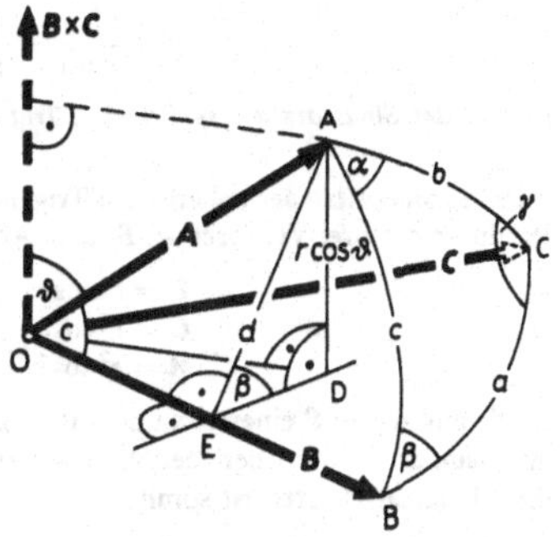

Abb. 88. Zum Sinussatz und Kosinussatz der sphärischen Trigonometrie

finden. Zu diesem Zweck berechnen wir das Spatprodukt aus $\boldsymbol{A}, \boldsymbol{B}, \boldsymbol{C}$:

$$[\boldsymbol{A}\boldsymbol{B}\boldsymbol{C}] = \boldsymbol{A} \cdot (\boldsymbol{B} \times \boldsymbol{C}) = r^3 \sin a \cos \vartheta .$$

Um $\cos \vartheta$ durch die Bestimmungsstücke des sphärischen Dreiecks auszudrücken, projizieren wir $\boldsymbol{A}$ auf $(\boldsymbol{B} \times \boldsymbol{C})$, die Projektion ist dann $r \cos \vartheta$. Fällen wir von A das Lot auf die von $\boldsymbol{B}$ und $\boldsymbol{C}$ gebildete Fläche, so hat es – wie man leicht einsieht – ebenfalls die Länge $r \cos \vartheta$. Wir legen nun durch dieses Lot eine Ebene senkrecht zu dem Vektor $\boldsymbol{B}$. Sie schneidet ihn im Punkte E. Da sie parallel zur Tangentialebene an die Kugel im Punkte B ist, ist der Winkel im Dreieck bei E gleich dem im sphärischen Dreieck bei B, also β. Aus dem rechtwinkligen Dreieck AEO, dessen Winkel bei O gleich der „Seite" c des sphärischen Dreiecks ist, folgt

$$d = r \sin c ,$$

und aus dem Dreieck EDA folgt

$$d = r \cos \vartheta / \sin \beta .$$

Durch Gleichsetzen beider Ausdrücke erhält man schließlich

$$\cos\vartheta = \sin c \sin\beta .$$

Somit ist das Spatprodukt

$$[\boldsymbol{ABC}] = r^3 \sin a \sin\beta \sin c .$$

Statt das Spatprodukt durch $\boldsymbol{A} \cdot (\boldsymbol{B} \times \boldsymbol{C})$ auszurechnen, hätten wir auch von $\boldsymbol{B} \cdot (\boldsymbol{C} \times \boldsymbol{A})$ oder von $\boldsymbol{C} \cdot (\boldsymbol{A} \times \boldsymbol{B})$ ausgehen können. Wir hätten dann eben vom Punkt B das Lot auf die Ebene aus $\boldsymbol{C}$ und $\boldsymbol{A}$, oder von C das Lot auf die Ebene aus $\boldsymbol{A}$ und $\boldsymbol{B}$ gefällt. Die Ergebnisse wären, wie man durch zyklische Vertauschung innerhalb a, b, und c bzw. innerhalb α, β und γ leicht findet,

$$[\boldsymbol{BCA}] = r^3 \sin b \sin\gamma \sin a$$

und

$$[\boldsymbol{CAB}] = r^3 \sin c \sin\alpha \sin b .$$

Da die drei Spatprodukte gleich sind, folgt daraus

$$\sin a \sin\beta \sin c = \sin b \sin\gamma \sin a = \sin c \sin\alpha \sin b .$$

Dividiert man diese Gleichung durch $\sin a \sin b \sin c$, so erhält man unter gleichzeitiger Vertauschung der Reihenfolge der Ausdrücke die Beziehung

$$\frac{\sin\alpha}{\sin a} = \frac{\sin\beta}{\sin b} = \frac{\sin\gamma}{\sin c}$$

Das ist der *Sinussatz der sphärischen Trigonometrie.*

Die Kosinussätze der sphärischen Trigonometrie. Für die skalaren und die vektoriellen Produkte der drei Vektoren $\boldsymbol{A}$, $\boldsymbol{B}$, $\boldsymbol{C}$ in Abb. 88 gilt

$$\begin{aligned} \boldsymbol{A} \cdot \boldsymbol{B} &= r^2 \cos c , & |\boldsymbol{A} \times \boldsymbol{B}| &= r^2 \sin c , \\ \boldsymbol{B} \cdot \boldsymbol{C} &= r^2 \cos a , & |\boldsymbol{B} \times \boldsymbol{C}| &= r^2 \sin a , \\ \boldsymbol{C} \cdot \boldsymbol{A} &= r^2 \cos b , & |\boldsymbol{C} \times \boldsymbol{A}| &= r^2 \sin b . \end{aligned}$$

Die aus $\boldsymbol{A}$ und $\boldsymbol{B}$ einerseits und aus $\boldsymbol{A}$ und $\boldsymbol{C}$ andererseits gebildeten Ebenen schließen miteinander – wie oben bereits erwähnt – den Winkel α ein. Das skalare Produkt ihrer Flächenvektoren ist somit

$$(\boldsymbol{A} \times \boldsymbol{B}) \cdot (\boldsymbol{A} \times \boldsymbol{C}) = |\boldsymbol{A} \times \boldsymbol{B}|\,|\boldsymbol{A} \times \boldsymbol{C}| \cos\alpha = r^4 \cos\alpha \sin b \sin c .$$

Nach der Formel [25] für das gemischte Dreifachprodukt ist

$$(\boldsymbol{A} \times \boldsymbol{B}) \cdot (\boldsymbol{A} \times \boldsymbol{C}) = (\boldsymbol{A} \cdot \boldsymbol{A})(\boldsymbol{B} \cdot \boldsymbol{C}) - (\boldsymbol{B} \cdot \boldsymbol{A})(\boldsymbol{A} \cdot \boldsymbol{C}) = r^4 \{\cos a - \cos c \cos b\} .$$

Durch Gleichsetzen beider Ausdrücke für $(\boldsymbol{A} \times \boldsymbol{B}) \cdot (\boldsymbol{A} \times \boldsymbol{C})$ erhält man

$$\cos a = \cos b \cos c + \sin b \sin c \cos\alpha .$$

Durch entsprechende zyklische Vertauschung findet man

$$\cos b = \cos c \cos a + \sin c \sin a \cos\beta$$

und

$$\cos c = \cos a \cos b + \sin a \sin b \cos\alpha .$$

Diese drei Formeln bringen den *Kosinussatz für die Seiten eines sphärischen Dreiecks* zum Ausdruck.

Es gibt auch einen *Kosinussatz für die Winkel im sphärischen Dreieck.* Die drei Vektoren $\boldsymbol{A}$, $\boldsymbol{B}$, $\boldsymbol{C}$ in Abb. 88 bilden eine körperliche Ecke mit der Spitze in O. Wir denken uns nun von einem Punkt O′ innerhalb dieser Ecke Normale auf die drei seitlichen Begrenzungsebenen gefällt. Diese drei Normalen definieren wieder eine körperliche Ecke, und zwar mit der Spitze in O′. Zwischen den beiden körperlichen Ecken bestehen folgende Beziehungen: Die von O′ aus gezogenen Normalen schließen paarweise Winkel miteinander ein, die zu den Winkeln zwischen den betreffenden Flächen der Ecke O supplementär sind. Die Flächen der neuen Ecke O′ stehen normal auf den Vektoren $\boldsymbol{A}, \boldsymbol{B}, \boldsymbol{C}$ (den Kanten der ursprünglichen Ecke O). Die Ecke O′ wird die *Polarecke* der Ecke O genannt. Diese Beziehung ist reziprok, die Ecke O ist also andererseits die Polarecke zu O′.

Schlägt man um O′ eine Kugel, so durchstoßen die Kanten der Polarecke diese in drei Punkten, die das *Polardreieck* zum Dreieck ABC festlegen. Seine Bestimmungsstücke seien a', b', c' und α', β', γ'. Nach dem Kosinussatz für die Seiten im sphärischen Dreieck gilt z. B. für die Seite a'

$$\cos a' = \cos b' \cos c' + \sin b' \sin c' \cos \alpha' .$$

Wegen der bereits erwähnten Supplementarität

$$a' + \alpha = 180°; \quad b' + \beta = 180°; \quad c' + \gamma = 180°$$

und wegen der aus der Reziprozität folgenden analogen Supplementarität

$$a + \alpha' = 180°; \quad b + \beta' = 180°; \quad c + \gamma' = 180°$$

lassen sich die gestrichenen Größen durch die ungestrichenen ausdrücken. Das ergibt

$$\cos(180° - \alpha) = \cos(180° - \beta)\cos(180° - \gamma) + \sin(180° - \beta)\sin(180° - \gamma)\cos(180° - a),$$

bzw.

$$-\cos\alpha = \cos\beta\cos\gamma - \sin\beta\sin\gamma\cos a$$

oder schließlich

$$\cos\alpha = -\cos\beta\cos\gamma + \sin\beta\sin\gamma\cos a.$$

Für die anderen Winkel folgt durch zyklische Vertauschung

$$\cos\beta = -\cos\gamma\cos\alpha + \sin\gamma\sin\alpha\cos b$$

und

$$\cos\gamma = -\cos\alpha\cos\beta + \sin\alpha\sin\beta\cos c .$$

Zu den Frenetschen Formeln. Wie auf Seite 61 bereits angekündigt, wollen wir nun die Torsion T einer Raumkurve als Funktion des Ortsvektors $\boldsymbol{r}$ und seiner Ableitungen nach der Kurvenlänge s darstellen. Dazu benützen wir die zweite Frenetsche Formel

$$\boldsymbol{b}' = -T\boldsymbol{n} .$$

Ihre Skalare Multiplikation mit $-\boldsymbol{n}$ ergibt sofort

$$T = -\boldsymbol{n} \cdot \boldsymbol{b}' . \qquad [a]$$

Hierin sind nun $\boldsymbol{n}$ und $\boldsymbol{b}$ durch $\boldsymbol{r}$ und seine Ableitungen auszudrücken. Mit $\boldsymbol{t} = \boldsymbol{r}'$ und $\boldsymbol{n} = \rho\,\boldsymbol{t}'$ erhalten wir

$$\boldsymbol{n} = \rho\,\boldsymbol{r}'' . \qquad [b]$$

Durch Differentiation der Definitionsgleichung $\boldsymbol{b} = \boldsymbol{t} \times \boldsymbol{n}$ nach s finden wir

$$\boldsymbol{b}' = (\boldsymbol{t}' \times \boldsymbol{n}) + (\boldsymbol{t} \times \boldsymbol{n}'),$$

was sich mit $\boldsymbol{t} = \boldsymbol{r}'$ und aufgrund von [b] umformen läßt zu

$$\boldsymbol{b}' = (\boldsymbol{r}'' \times \rho\,\boldsymbol{r}'') + (\boldsymbol{r}' \times \rho'\,\boldsymbol{r}'') + (\boldsymbol{r}' \times \rho\,\boldsymbol{r}''') .$$

Der erste Klammerausdruck ist hierin wegen der Kollinearität von $\boldsymbol{r}''$ und $\rho\,\boldsymbol{r}''$ Null, also verbleibt

$$\boldsymbol{b}' = (\boldsymbol{r}' \times \rho'\,\boldsymbol{r}'') + (\boldsymbol{r}' \times \rho\,\boldsymbol{r}''') . \qquad [c]$$

Wir setzen nun [b] und [c] in [a] ein:

$$T = -\rho\,\boldsymbol{r}'' \cdot (\boldsymbol{r}' \times \rho'\,\boldsymbol{r}'') - \rho\,\boldsymbol{r}'' \cdot (\boldsymbol{r}' \times \rho\,\boldsymbol{r}''') = -\rho\rho'\,[\mathbf{r}''\mathbf{r}'\mathbf{r}''] - \rho^2[\mathbf{r}''\mathbf{r}'\mathbf{r}'''] .$$

Das erste Spatprodukt ist wegen der Gleichheit zweier seiner Vektoren Null. Nach Umstellung der Faktoren im zweiten Spatprodukt ergibt sich demnach für die Torsion

$$T = \rho^2[\boldsymbol{r}'\boldsymbol{r}''\boldsymbol{r}'''] ,$$

woraus mit $\rho = 1/K$ und $K = |\boldsymbol{r}''|$ schließlich

$$T = [\boldsymbol{r}'\boldsymbol{r}''\boldsymbol{r}''']/|\boldsymbol{r}''|^2$$

folgt.

4.6 Anwendungsbeispiele aus der Physik

Das Drehmoment. Wenngleich wir auf Seite 48 die Formel für das Drehmoment einer Kraft

$$\boldsymbol{M} = \boldsymbol{r} \times \boldsymbol{F}$$

bereits benützt haben, so bietet sich erst jetzt Gelegenheit, sie aus einer Analogieforderung herzuleiten: Wir fordern, daß sich die infinitesimale Arbeit

$$\mathrm{d}A = \boldsymbol{F} \cdot \overrightarrow{\mathrm{d}s}$$

bei einer Drehbewegung auch als skalares Produkt mit dem Drehwinkel $\overrightarrow{\mathrm{d}\varphi}$ beschreiben lasse. Wir müssen hierzu eine neue vektorielle Größe, das Drehmoment $\boldsymbol{M}$ einführen. Unsere Definitionsforderung lautet dann

$$\mathrm{d}A = \boldsymbol{M} \cdot \overrightarrow{\mathrm{d}\varphi} ,$$

bzw.

$$\boldsymbol{M} \cdot \overrightarrow{\mathrm{d}\varphi} = \boldsymbol{F} \cdot \overrightarrow{\mathrm{d}s} .$$

Die Kraft $\boldsymbol{F}$ denken wir uns an einem Punkt mit dem Ortsvektor $\boldsymbol{r}$ angreifend; der Ursprung von $\boldsymbol{r}$ liege irgendwo auf der Drehachse. Findet nun unter dem Einfluß von $\boldsymbol{F}$ eine Drehung statt, so beschreibt der Angriffspunkt der Kraft ein infinitesimales Stück $\mathrm{d}s$ eines Kreises um die Drehachse, und es gilt (vergl. Abb 75, S. 63)

$$\overrightarrow{\mathrm{d}s} = \overrightarrow{\mathrm{d}\varphi} \times \boldsymbol{r} .$$

Wir setzen dies in den Ausdruck $\boldsymbol{F} \cdot \overrightarrow{\mathrm{d}s}$ ein und erhalten

$$\boldsymbol{F} \cdot \overrightarrow{\mathrm{d}s} = \boldsymbol{F} \cdot (\overrightarrow{\mathrm{d}\varphi} \times \boldsymbol{r}) = [\boldsymbol{F}\,\overrightarrow{\mathrm{d}\varphi}\,\boldsymbol{r}] = [\boldsymbol{r}\boldsymbol{F}\,\overrightarrow{\mathrm{d}\varphi}] = (\boldsymbol{r} \times \boldsymbol{F}) \cdot \overrightarrow{\mathrm{d}\varphi}$$

Aus Vergleich mit $\boldsymbol{M} \cdot \overrightarrow{\mathrm{d}\varphi}$ folgt weiter

$$\boldsymbol{M} \cdot \overrightarrow{\mathrm{d}\varphi} = (\boldsymbol{r} \times \boldsymbol{F}) \cdot \overrightarrow{\mathrm{d}\varphi}$$

oder

$$\{\boldsymbol{M} - (\boldsymbol{r} \times \boldsymbol{F})\} \cdot \overrightarrow{\mathrm{d}\varphi} = \mathrm{O} .$$

Da die Lage der Drehachse beliebig ist, ist somit die Richtung von $\overrightarrow{\mathrm{d}\varphi}$ beliebig, und die Gleichung ist allgemein nur erfüllt, wenn

$$\boldsymbol{M} - (\boldsymbol{r} \times \boldsymbol{F}) = 0$$

oder

$$M = r \times F$$

ist. Wir haben auf diese Weise die Formel für das Drehmoment einer Kraft bezüglich eines Drehpunktes aus der Forderung abgeleitet, daß sich zwischen Arbeit und Drehwinkel bei der Drehbewegung ein analoger Zusammenhang ergeben solle wie zwischen Arbeit und Kraft bei der fortschreitenden Bewegung.

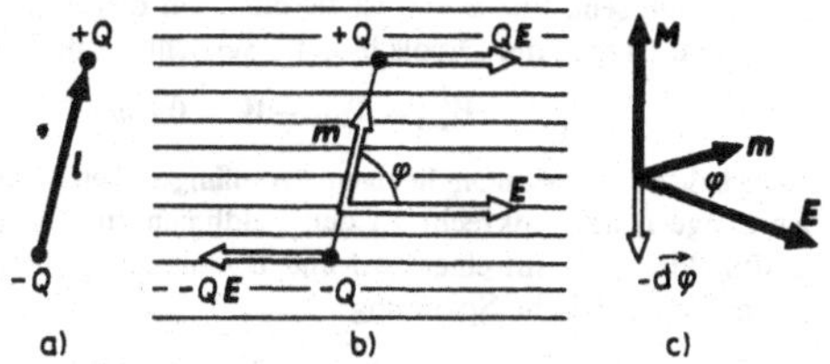

Abb. 89. Dipol im elektrischen Feld

Die Energie eines Dipols im elektrischen Feld. Diese Anwendung betrifft nicht unmittelbar mehrfache Produkte von Vektoren, aber sie schließt sich an den Begriff des Drehmomentes gemäß obiger Betrachtung sinnvoll an.

Zwei gleich große elektrische Punktladungen entgegengesetzten Vorzeichens, $+Q$ und $-Q$, die in der Entfernung l voneinander festgehalten sind, nennt man einen elektrischen Dipol. Die Verbindungslinie der beiden Ladungen heißt seine Achse. Einen Dipol beschreibt man zweckmäßig durch das Dipolmoment. Dieses ist ein Vektor, der von $-Q$ nach $+Q$ weist, und der den Betrag Ql hat. Bezeichnet man den Abstand von $-Q$ nach $+Q$ als Vektor $\boldsymbol{l}$ (Abb. 89a), dann ist also das Dipolmoment

$$\boldsymbol{m} = Q\,\boldsymbol{l}\,.$$

Solch ein Dipol befinde sich in einem homogenen elektrischen Feld mit der Feldstärke $\boldsymbol{E}$. Dort wirkt auf den Dipol ein Kräftepaar $-Q\,\boldsymbol{E}$ und $+Q\,\boldsymbol{E}$ ein, welches den Vektor $\boldsymbol{m}$ gleichsinnig parallel zu $\boldsymbol{E}$ zu richten bestrebt ist (Abb. 89b). Bildet $\boldsymbol{m}$ mit $\boldsymbol{E}$ den Winkel φ, so wirkt (vergl. Seite 49) auf den Dipol ein Drehmoment

$$\boldsymbol{M} = \boldsymbol{l} \times Q\,\boldsymbol{E}_{\mathrm{E}} = Q\,\boldsymbol{l} \times \boldsymbol{E} = \boldsymbol{m} \times \boldsymbol{E}\,,$$

sein Betrag ist

$$M = mE\sin\varphi\,.$$

Das elektrische Feld verrichtet Arbeit, wenn es den Dipol von der Querstellung $\varphi = 90°$ bis zu irgendeinem Winkel φ verdreht. Diese Arbeit ist positiv, wenn dabei der Winkel abnimmt, wenn also die infinitesimale Drehung jeweils um den Winkel $-\mathrm{d}\varphi$ erfolgt. Die Arbeit ist demnach gegeben durch

$$W = -\int_{\varphi=90°}^{\varphi} \boldsymbol{M} \cdot \mathrm{d}\vec{\varphi}\,,$$

was wegen der Kollinearität von $\boldsymbol{M}$ und $\mathrm{d}\vec{\varphi}$ (Abb. 89c) gleich

$$W = -\int_{90°}^{\varphi} M\,\mathrm{d}\varphi = -mE\int_{90°}^{\varphi} \sin\varphi\,\mathrm{d}\varphi = mE\cos\varphi$$

ist. Das aber kann man als das skalare Produkt aus $\boldsymbol{m}$ und $\boldsymbol{E}$ anschreiben:

$$W = \boldsymbol{m} \cdot \boldsymbol{E}.$$

Wird in einem elektrischen Feld ein Dipol durch Trennen zweier betragsgleicher Ladungen erzeugt, so spielen im allgemeinen neben deren gegenseitigen Anziehungskräften auch die vom Feld herrührenden Kräfte eine Rolle. Nur bei $\varphi = 90°$ sind letztere unwirksam. Daher muß die dem Dipol im Feld zugeordnete potentielle Energie für $\varphi = 90°$ null sein. Für $\varphi \neq 0$ ist sie dann um diejenige Arbeit kleiner, welche die Feldkräfte zum Drehen des Dipols bis zu φ verrichten müßten:

$$W_{pot} = W_{90°} - W = 0 - \boldsymbol{m} \cdot \boldsymbol{E} = -\boldsymbol{m} \cdot \boldsymbol{E}.$$

Die induzierte Spannung in einem geradlinigen, bewegten Leiter. Wird ein gerader Leiter der Länge $\boldsymbol{l}$, der senkrecht zu den Feldlinien eines homogenen Magnetfeldes mit der Kraftflußdichte $\boldsymbol{B}$ mit einer zu $\boldsymbol{l}$ und $\boldsymbol{B}$ senkrechten Geschwindigkeit $\boldsymbol{v}$ bewegt, so wird in ihm die elektrische Spannung

$$U_{ind} = lvB$$

induziert.

Erfolgt die Bewegung schräg zu $\boldsymbol{B}$ (aber immer noch senkrecht zu $\boldsymbol{l}$), so ist nur die zu $\boldsymbol{B}$ senkrechte Geschwindigkeitskomponente

$$v' = \frac{|\boldsymbol{v} \times \boldsymbol{B}|}{B}$$

maßgebend, also

$$U_{ind} = lv'B.$$

Ist darüber hinaus $\boldsymbol{l}$ sowohl zu $\boldsymbol{B}$ als auch zu $\boldsymbol{v}$ nicht mehr orthogonal, dann richtet sich die induzierte Spannung nur noch nach der zu $\boldsymbol{v} \times \boldsymbol{B}$ parallelen Komponente von $\boldsymbol{l}$, also nach

$$l'' = \frac{\boldsymbol{l} \cdot (\boldsymbol{v} \times \boldsymbol{B})}{|\boldsymbol{v} \times \boldsymbol{B}|} = \frac{[\boldsymbol{l}\boldsymbol{v}\boldsymbol{B}]}{|\boldsymbol{v} \times \boldsymbol{B}|}.$$

Wir erhalten also allgemein

$$U_{ind} = l''v'B$$

oder nach Einsetzen der entsprechenden Ausdrücke

$$U_{ind} = [\boldsymbol{l}\boldsymbol{v}\boldsymbol{B}].$$

Die Driftgeschwindigkeit geladener Partikel in Gasentladungen. Wir betrachten elektrische Ladungen, die sich in einem gaserfüllten Raum bewegen, in dem ein nur schwach inhomogenes elektrisches Feld zugleich mit einem magnetischen Feld vorhanden ist. Das ist z. B. der Fall in Gasentladungsröhren, in denen ein von den Elektroden ausgehendes elektrisches Feld elektrisch geladene Partikel (Ionen) bewegt, auf die man gleichzeitig von außen ein Magnetfeld einwirken läßt.

Ein Ion in einer Gasentladung wird durch Zusammenstöße mit den Gasmolekeln in seinen Bewegungen gebremst, es nimmt unter dem Einfluß der hemmenden Kraft sehr schnell eine konstante stationäre Geschwindigkeit an (wenn die antreibende Kraft konstant ist), ähnlich wie ein Staubkörnchen, das in Luft fällt, nicht dauernd beschleunigt wird, sondern in sehr kurzer Zeit eine stationäre Geschwindigkeit bekommt. Im folgenden betrachten wir ausschließlich den Vektor dieser stationären, mittleren Geschwindigkeit, die wir Driftgeschwindigkeit $\boldsymbol{v}$ nennen wollen. Man stellt fest, daß $\boldsymbol{v}$ proportional zum

Quotienten aus wirksamer Kraft $\boldsymbol{F}$ und Ladung Q der Partikel ist. Den Proportionalitätsfaktor in dieser Beziehung bezeichnet man als Beweglichkeit μ des Ions:

$$\boldsymbol{v} = \mu \boldsymbol{F}/Q.$$

Die Beweglichkeit hängt von der Natur des Ions und vom Zustand des Gases ab. Bei positiven Ionen sind $\boldsymbol{v}$ und $\boldsymbol{F}$ gleichgerichtet.

Wirkt auf eine Ladung Q ein elektrisches Feld ein, so ist die Kraft $Q\,\boldsymbol{E}$, wirkt ein magnetisches Feld ein, so ist sie $Q(\boldsymbol{v} \times \boldsymbol{B})$ (vergl. Seite 47), wobei $\boldsymbol{B}$ die Kraftflußdichte des Magnetfeldes und $\boldsymbol{v}$ die Driftgeschwindigkeit der Ladung ist. Wirken ein elektrisches und ein magnetisches Feld zugleich, so summieren sich beide Kraftwirkungen zur Gesamtkraft

$$\boldsymbol{F} = Q\,\boldsymbol{E} + Q\,(\boldsymbol{v} \times \boldsymbol{B}).$$

Zur Ermittlung der Driftgeschwindigkeit $\boldsymbol{v}$ stehen somit zwei Vektorgleichungen zur Verfügung, nämlich die hier angeschriebene und die weiter oben angeschriebene

$$\boldsymbol{v} = \mu \boldsymbol{F}/Q.$$

Substituieren wir hierin für $\boldsymbol{F}$, so ergibt sich, da sich Q wegkürzt,

$$\boldsymbol{v} = \mu \boldsymbol{E} + \mu (\boldsymbol{v} \times \boldsymbol{B}).$$

Um diese Gleichung, im folgenden Ausgangsgleichung genannt, nach $\boldsymbol{v}$ aufzulösen, versuchen wir, $\boldsymbol{v}$ aus dem Vektorprodukt rechts herauszubekommen. Das gelingt, indem wir die ganze Gleichung vektoriell mit $\boldsymbol{B}$ multiplizieren. Denn dann können wir rechts den Entwicklungssatz anwenden, der ein zweifaches Vektorprodukt in einen Summenausdruck mit skalaren Produkten umwandelt. Wir erhalten

$$\boldsymbol{v} \times \boldsymbol{B} = \mu (\boldsymbol{E} \times \boldsymbol{B}) + \mu \{(\boldsymbol{v} \times \boldsymbol{B}) \times \boldsymbol{B}\} = \mu (\boldsymbol{E} \times \boldsymbol{B}) + \mu \{(\boldsymbol{B} \cdot \boldsymbol{v})\,\boldsymbol{B} - (\boldsymbol{B} \cdot \boldsymbol{B})\,\boldsymbol{v}\},$$

also

$$\boldsymbol{v} \times \boldsymbol{B} = \mu (\boldsymbol{E} \times \boldsymbol{B}) + \mu \boldsymbol{B} (\boldsymbol{B} \cdot \boldsymbol{v}) - \mu \boldsymbol{v} (\boldsymbol{B} \cdot \boldsymbol{B}).$$

Nun ist jedoch links der Vektor $\boldsymbol{v}$ in einem Vektorprodukt enthalten. Das Produkt $\boldsymbol{v} \times \boldsymbol{B}$ findet sich aber auch in der Ausgangsgleichung, wir können also substituieren und erhalten dann eine Beziehung, in der kein Vektorprodukt mit $\boldsymbol{v}$ mehr auftritt:

$$\boldsymbol{v} = \mu \boldsymbol{E} + \mu \{(\boldsymbol{E} \times \boldsymbol{B}) + \mu \boldsymbol{B} (\boldsymbol{B} \cdot \boldsymbol{v}) - \mu \boldsymbol{v} (\boldsymbol{B} \cdot \boldsymbol{B})\}.$$

Jetzt müssen wir $\boldsymbol{v}$ noch aus dem skalaren Produkt $\boldsymbol{B} \cdot \boldsymbol{v}$ auf der rechten Seite herauszulösen versuchen. Dazu multiplizieren wir die Ausgangsgleichung skalar mit $\boldsymbol{B}$:

$$\boldsymbol{v} \cdot \boldsymbol{B} = \mu \boldsymbol{E} \cdot \boldsymbol{B} + \mu (\boldsymbol{v} \times \boldsymbol{B}) \cdot \boldsymbol{B} = \mu \boldsymbol{E} \cdot \boldsymbol{B} + \mu [\boldsymbol{v}\,\boldsymbol{B}\,\boldsymbol{B}].$$

Das Spatprodukt $[\boldsymbol{v}\,\boldsymbol{B}\,\boldsymbol{B}]$ ist Null, weil es zweimal den gleichen Faktor $\boldsymbol{B}$ enthält. Es verbleibt

$$\boldsymbol{v} \cdot \boldsymbol{B} = \mu \boldsymbol{E} \cdot \boldsymbol{B}.$$

Weil $\boldsymbol{v}$ und $\boldsymbol{B}$ voneinander abhängen, weil also $\boldsymbol{B}$ in dieser Gleichung nicht beliebig ist, ergibt sie *keine* Möglichkeit für die Bestimmung von $\boldsymbol{v}$. Wir können aber, wie beabsichtigt, den gefundenen Ausdruck für $\boldsymbol{v} \cdot \boldsymbol{B}$ weiter oben, in der vom Vektorprodukt $(\boldsymbol{v} \times \boldsymbol{B})$ bereits befreiten Gleichung für $\boldsymbol{v}$ einsetzen. Das ergibt unter gleichzeitiger Auflösung der geschwungenen Klammer:

$$\boldsymbol{v} = \mu \boldsymbol{E} + \mu^2 (\boldsymbol{E} \times \boldsymbol{B}) + \mu^2 \boldsymbol{B} (\mu \boldsymbol{E} \cdot \boldsymbol{B}) - \mu^2 \boldsymbol{v} (\boldsymbol{B} \cdot \boldsymbol{B}).$$

Jetzt kommt $\boldsymbol{v}$ nur noch multipliziert mit dem Skalar $\mu^2 (\boldsymbol{B} \cdot \boldsymbol{B}) = \mu^2 B^2$ vor. Die Gleichung läßt sich somit nach $\boldsymbol{v}$ auflösen, und wir erhalten

$$\boldsymbol{v} = \frac{\mu \boldsymbol{E} + \mu^2 (\boldsymbol{E} \times \boldsymbol{B}) + \mu^3 \boldsymbol{B} (\boldsymbol{E} \cdot \boldsymbol{B})}{1 + \mu^2 B^2}.$$

Das reziproke Gitter. Wir haben bei Herleitung des Kosinussatzes auf die drei durch $\boldsymbol{A}$, $\boldsymbol{B}$, $\boldsymbol{C}$ festgelegten Ebenen Normale gefällt und dadurch die Polarecke gewonnen. Wichtig ist, daß wir aus der Polarecke durch eine analoge Operation die ursprüngliche Ecke gewinnen können. Zwischen beiden Ecken besteht ein Reziprozitätsverhältnis. Im folgenden, für die Kristallographie wichtigen Beispiel werden wir aus drei gegebenen Vektoren in ähnlicher Weise ein Vektortripel herleiten, das mit dem ursprünglichen nicht nur bezüglich der Richtungen, sondern auch bezüglich des Betrages im Reziprozitätsverhältnis steht. Es wird aus den in der Natur vorkommenden drei kristallographischen Achsenvektoren $\boldsymbol{a}, \boldsymbol{b}, \boldsymbol{c}$ (S. 12) ein Tripel reziproker Vektoren $\boldsymbol{a}^*$, $\boldsymbol{b}^*$, $\boldsymbol{c}^*$ hergeleitet werden. Das aus diesen Gedankengebilden konstruierte reziproke Gitter ist ein wichtiges Hilfsmittel der Kristallographie und ermöglicht die Berechnung des Abstandes der Netzebenen sowie eine bequeme Auffindung der Richtung der im Kristall abgebeugten Röntgenstrahlung.

Wir haben schon S. 12 den Begriff des Raumgitters als die Gesamtheit aller Punkte, die durch den Fahrstrahl

$$\boldsymbol{r} = s_1 \boldsymbol{a} + s_2 \boldsymbol{b} + s_3 \boldsymbol{c} \qquad (s_1, s_2, s_3 \text{ ganzzahlig})$$

festgelegt sind, kennengelernt. In seinen Gitterpunkten befinden sich die Schwerpunkte der Bauelemente des Kristalls. Die Länge der Fahrstrahlen $\boldsymbol{a}$, $\boldsymbol{b}, \boldsymbol{c}$, die Achsenvektoren, sind von der Größenordnung $1\,\text{Å} = 10^{-10}$ m. Sie spannen einen Spat auf, die *Elementarzelle* des Kristalls, deren Volumen $V = [\boldsymbol{a}\,\boldsymbol{b}\,\boldsymbol{c}]$ ist.

Es ist zum Verständnis der Beugung der Röntgenstrahlen in Kristallen notwendig, sich neben dem realen Kristall ein Punktgitter ohne physikalische Realität zu konstruieren und es dann zur Lösung physikalischer Aufgaben über die Richtungen der im Kristall abgebeugten Röntgenstrahlung und weiter zur Herleitung der BRAGGschen Interferenzbedingung der Röntgenstrahlen aus den LAUEschen Gleichungen zu verwenden.

Diese, als reziprokes Gitter bezeichnete Hilfskonstruktion wird folgendermaßen erhalten: Wir leiten die drei Achsenvektoren $\boldsymbol{a}^*$, $\boldsymbol{b}^*$, $\boldsymbol{c}^*$ des reziproken Gitters aus denen des Atomgitters $\boldsymbol{a}$, $\boldsymbol{b}$, $\boldsymbol{c}$ her und lassen sie von dem schon fürs Atomgitter verwendeten Ursprung O ausgehen. Ähnlich wie bei der Herleitung des Kosinussatzes für die Winkel des sphärischen Dreiecks errichten wir auf jede der durch zwei der Vektoren $\boldsymbol{a}$, $\boldsymbol{b}$, $\boldsymbol{c}$ bestimmten Ebenen Normale, die uns die Richtung der neuen Vektoren des reziproken Gitters angeben. Es ist somit

$$\boldsymbol{a}^* \cdot \boldsymbol{b} = \boldsymbol{a}^* \cdot \boldsymbol{c} = \boldsymbol{b}^* \cdot \boldsymbol{a} = \boldsymbol{b}^* \cdot \boldsymbol{c} = \boldsymbol{c}^* \cdot \boldsymbol{a} = \boldsymbol{c}^* \cdot \boldsymbol{b} = 0.$$

Der Richtungssinn der neuen Vektoren $\boldsymbol{a}^*$, $\boldsymbol{b}^*$, $\boldsymbol{c}^*$ werde durch

$$\boldsymbol{a}^* = l_1 (\boldsymbol{b} \times \boldsymbol{c}); \; \boldsymbol{b}^* = l_2 (\boldsymbol{c} \times \boldsymbol{a}); \; \boldsymbol{c}^* = l_3 (\boldsymbol{a} \times \boldsymbol{b})$$

gegeben. Ihre Beträge werden durch geeignete Wahl der Skalare l_1, l_2, l_3 so festgelegt, daß sie den reziproken Wert der Projektion des jeweiligen gleichnamigen alten Vektors auf den neuen haben. Die Skalarprodukte aus jeweils neuem und altem Vektor müssen also den Wert 1 annehmen:

$$\boldsymbol{a}^* \cdot \boldsymbol{a} = \boldsymbol{b}^* \cdot \boldsymbol{b} = \boldsymbol{c}^* \cdot \boldsymbol{c} = 1.$$

Man kann die beiden Gleichungen

$$\begin{aligned}&\boldsymbol{a}^*\cdot\boldsymbol{b}=\boldsymbol{a}^*\cdot\boldsymbol{c}=\boldsymbol{b}^*\cdot\boldsymbol{c}=\boldsymbol{b}^*\cdot\boldsymbol{a}=\boldsymbol{c}^*\cdot\boldsymbol{a}=\boldsymbol{c}^*\cdot\boldsymbol{b}=0\,,\\&\boldsymbol{a}^*\cdot\boldsymbol{a}=\boldsymbol{b}^*\cdot\boldsymbol{b}=\boldsymbol{c}^*\cdot\boldsymbol{c}=1\end{aligned}$$

als die Definitionsgleichungen für das reziproke Gitter bezeichnen.

Setzt man in der zweiten Definitionsgleichung die Ausdrücke $\boldsymbol{a}^* = l_1\,(\boldsymbol{b}\times\boldsymbol{c})$ usw. ein, so erhält man

$$\boldsymbol{a}^*\cdot\boldsymbol{a}=l_1\,[\boldsymbol{a}\,\boldsymbol{b}\,\boldsymbol{c}]=\boldsymbol{b}^*\cdot\boldsymbol{b}=l_2\,[\boldsymbol{b}\,\boldsymbol{c}\,\boldsymbol{a}]=\boldsymbol{c}^*\cdot\boldsymbol{c}=l_3\,[\boldsymbol{c}\,\boldsymbol{a}\,\boldsymbol{b}]=1\,.$$

Daraus folgt wegen $[\boldsymbol{a}\boldsymbol{b}\boldsymbol{c}]=[\boldsymbol{b}\boldsymbol{c}\boldsymbol{a}]=[\boldsymbol{c}\boldsymbol{a}\boldsymbol{b}]$ dann

$$l_1=l_2=l_3=1/[\boldsymbol{a}\boldsymbol{b}\boldsymbol{c}]\,.$$

Damit wird

$$\begin{aligned}\boldsymbol{a}^*&=(\boldsymbol{b}\times\boldsymbol{c})/[\boldsymbol{a}\,\boldsymbol{b}\,\boldsymbol{c}]\,,\\\boldsymbol{b}^*&=(\boldsymbol{c}\times\boldsymbol{a})/[\boldsymbol{a}\,\boldsymbol{b}\,\boldsymbol{c}]\,,\\\boldsymbol{c}^*&=(\boldsymbol{a}\times\boldsymbol{b})/[\boldsymbol{a}\,\boldsymbol{b}\,\boldsymbol{c}]\,.\end{aligned}$$

Aus den Festsetzungen über die Richtungen der reziproken Vektoren, bzw. aus der ersten Definitionsgleichung folgt auch, daß jeder der normalen Gittervektoren auf zwei Vektoren des reziproken Gitters senkrecht steht. Wir hätten also auch davon ausgehen können, daß das reziproke Gitter $\boldsymbol{a}^*$, $\boldsymbol{b}^*$, $\boldsymbol{c}^*$ vorgegeben sei, und hätten durch eine zur eben durchgeführten völlig analogen Rechnung die Ausdrücke

$$\begin{aligned}\boldsymbol{a}&=(\boldsymbol{b}^*\times\boldsymbol{c}^*)/[\boldsymbol{a}^*\,\boldsymbol{b}^*\,\boldsymbol{c}^*]\,,\\\boldsymbol{b}&=(\boldsymbol{c}^*\times\boldsymbol{a}^*)/[\boldsymbol{a}^*\,\boldsymbol{b}^*\,\boldsymbol{c}^*]\,,\\\boldsymbol{c}&=(\boldsymbol{a}^*\times\boldsymbol{b}^*)/[\boldsymbol{a}^*\,\boldsymbol{b}^*\,\boldsymbol{c}^*]\end{aligned}$$

erhalten können.

Um eine Beziehung zwischen $[\boldsymbol{a}\,\boldsymbol{b}\,\boldsymbol{c}]$ und $[\boldsymbol{a}^*\,\boldsymbol{b}^*\,\boldsymbol{c}^*]$ zu finden, kann man z. B. in der ersten der obigen drei Gleichungen die früher gefundenen Ausdrücke für $\boldsymbol{b}^*$ und $\boldsymbol{c}^*$, nämlich

$$\boldsymbol{b}^*=(\boldsymbol{c}\times\boldsymbol{a})/[\boldsymbol{a}\,\boldsymbol{b}\,\boldsymbol{c}]\qquad\text{und}\qquad\boldsymbol{c}^*=(\boldsymbol{a}\times\boldsymbol{b})/[\boldsymbol{a}\,\boldsymbol{b}\,\boldsymbol{c}]$$

einsetzen:

$$\boldsymbol{a}=\frac{(\boldsymbol{c}\times\boldsymbol{a})\times(\boldsymbol{a}\times\boldsymbol{b})}{[\boldsymbol{a}^*\,\boldsymbol{b}^*\,\boldsymbol{c}^*]\,[\boldsymbol{a}\,\boldsymbol{b}\,\boldsymbol{c}]^2}\,.$$

Wenn wir im Zähler z. B. für die erste Klammer zunächst $\boldsymbol{d}$ substituieren, dann können wir den Entwicklungssatz anwenden:

$$(\boldsymbol{c}\times\boldsymbol{a})\times(\boldsymbol{a}\times\boldsymbol{b})=\boldsymbol{d}\times(\boldsymbol{a}\times\boldsymbol{b})=(\boldsymbol{d}\cdot\boldsymbol{b})\boldsymbol{a}-(\boldsymbol{d}\cdot\boldsymbol{a})\boldsymbol{b}\,.$$

Setzen wir nun für $\boldsymbol{d}$ wieder $\boldsymbol{c}\times\boldsymbol{a}$, so folgt

$$(\boldsymbol{c}\times\boldsymbol{a})\times(\boldsymbol{a}\times\boldsymbol{b})=\{(\boldsymbol{c}\times\boldsymbol{a})\cdot\boldsymbol{b}\}\,\boldsymbol{a}-\{(\boldsymbol{c}\times\boldsymbol{a})\cdot\boldsymbol{a}\}\,\boldsymbol{b}=[\boldsymbol{c}\,\boldsymbol{a}\,\boldsymbol{b}]\,\boldsymbol{a}-[\boldsymbol{c}\,\boldsymbol{a}\,\boldsymbol{a}]\,\boldsymbol{b}\,;$$

der zweite Summand rechts verschwindet, weil das Spatprodukt zwei gleiche Vektoren enthält, und es verbleibt (unter zyklischer Vertauschung der Faktoren im ersten Spatprodukt)

$$(\boldsymbol{c}\times\boldsymbol{a})\times(\boldsymbol{a}\times\boldsymbol{b})=[\boldsymbol{a}\,\boldsymbol{b}\,\boldsymbol{c}]\,\boldsymbol{a}\,.$$

Damit wird

$$\boldsymbol{a}=\frac{\boldsymbol{a}}{[\boldsymbol{a}^*\,\boldsymbol{b}^*\,\boldsymbol{c}^*]\,[\boldsymbol{a}\,\boldsymbol{b}\,\boldsymbol{c}]}$$

was nur möglich ist, wenn

$$[\boldsymbol{a}^* \boldsymbol{b}^* \boldsymbol{c}^*][\boldsymbol{a}\,\boldsymbol{b}\,\boldsymbol{c}] = 1\,.$$

Die „Volumina“ der Elementarzellen des Gitters und des reziproken Gitters sind zueinander reziprok. Das „Volumen“ der reziproken Elementarzelle hat dabei die Dimension eines reziproken Volumens.

Die Bedeutung des reziproken Gitters. Wie Seite 25 gezeigt, gehorchen alle Ortsvektoren $\boldsymbol{r}$, die zu Punkten einer Ebene führen, der Vektorgleichung

$$\boldsymbol{n} \cdot \boldsymbol{r} = p\,,$$

worin p der Abstand der Ebene vom Koordinatenursprung und $\boldsymbol{n}$ der zu ihr orthogonale Einsvektor ist. Ebenen einer Schar paralleler Ebenen haben alle den gleichen Orthogonalvektor $\boldsymbol{n}$. Um diesen Vektor, der für die räumliche Orientierung, für die *Stellung* einer Netzebenenschar charakteristisch ist, zu finden, suchen wir zunächst nach *irgendeinem* zu den Ebenen senkrechten Vektor.

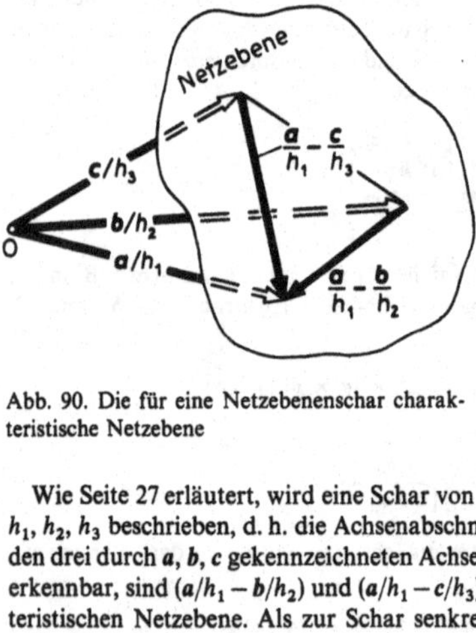

Abb. 90. Die für eine Netzebenenschar charakteristische Netzebene

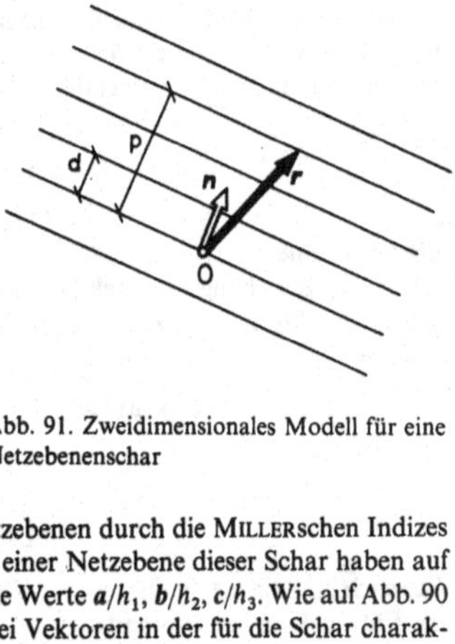

Abb. 91. Zweidimensionales Modell für eine Netzebenenschar

Wie Seite 27 erläutert, wird eine Schar von Netzebenen durch die MILLERschen Indizes h_1, h_2, h_3 beschrieben, d. h. die Achsenabschnitte einer Netzebene dieser Schar haben auf den drei durch $\boldsymbol{a}, \boldsymbol{b}, \boldsymbol{c}$ gekennzeichneten Achsen die Werte $\boldsymbol{a}/h_1$, $\boldsymbol{b}/h_2$, $\boldsymbol{c}/h_3$. Wie auf Abb. 90 erkennbar, sind $(\boldsymbol{a}/h_1 - \boldsymbol{b}/h_2)$ und $(\boldsymbol{a}/h_1 - \boldsymbol{c}/h_3)$ zwei Vektoren in der für die Schar charakteristischen Netzebene. Als zur Schar senkrechten Vektor suchen wir einen Vektor des reziproken Gitters

$$\boldsymbol{r}^* = \rho_1\,\boldsymbol{a}^* + \rho_2\,\boldsymbol{b}^* + \rho_3\,\boldsymbol{c}^*$$

zu finden. Er muß zu allen in den Netzebenen liegenden Vektoren, also z. B. auch zu $(\boldsymbol{a}/h_1 - \boldsymbol{b}/h_2)$ und zu $(\boldsymbol{a}/h_1 - \boldsymbol{c}/h_3)$ orthogonal sein, es müssen also die skalaren Produkte von $\boldsymbol{r}^*$ mit den beiden genannten Vektoren verschwinden:

$$\boldsymbol{r}^* \cdot (\boldsymbol{a}/h_1 - \boldsymbol{b}/h_2) = \boldsymbol{r}^* \cdot (\boldsymbol{a}/h_1 - \boldsymbol{c}/h_2) = 0\,.$$

Setzt man für $\boldsymbol{r}^*$ den Ausdruck mit den drei Komponentenwerten ein, so folgt

$$\frac{\rho_1\,\boldsymbol{a}^* \cdot \boldsymbol{a}}{h_1} + \frac{\rho_2\,\boldsymbol{b}^* \cdot \boldsymbol{a}}{h_1} + \frac{\rho_3\,\boldsymbol{c}^* \cdot \boldsymbol{a}}{h_1} - \frac{\rho_1\,\boldsymbol{a}^* \cdot \boldsymbol{b}}{h_2} - \frac{\rho_2\,\boldsymbol{b}^* \cdot \boldsymbol{b}}{h_2} - \frac{\rho_3\,\boldsymbol{c}^* \cdot \boldsymbol{b}}{h_2} = 0$$

und

$$\frac{\rho_1 \boldsymbol{a}^* \cdot \boldsymbol{a}}{h_1} + \frac{\rho_2 \boldsymbol{b}^* \cdot \boldsymbol{a}}{h_1} + \frac{\rho_3 \boldsymbol{c}^* \cdot \boldsymbol{a}}{h_1} - \frac{\rho_1 \boldsymbol{a}^* \cdot \boldsymbol{c}}{h_3} - \frac{\rho_2 \boldsymbol{b}^* \cdot \boldsymbol{c}}{h_3} - \frac{\rho_3 \boldsymbol{c}^* \cdot \boldsymbol{c}}{h_3} = 0.$$

Aufgrund der Definitionsgleichungen (Seite 89) des reziproken Gitters

$$\boldsymbol{a}^* \cdot \boldsymbol{b} = \boldsymbol{a}^* \cdot \boldsymbol{c} = \boldsymbol{b}^* \cdot \boldsymbol{c} = \boldsymbol{b}^* \cdot \boldsymbol{a} = \boldsymbol{c}^* \cdot \boldsymbol{a} = \boldsymbol{c}^* \cdot \boldsymbol{b} = 0,$$
$$\boldsymbol{a}^* \cdot \boldsymbol{a} = \boldsymbol{b}^* \cdot \boldsymbol{b} = \boldsymbol{c}^* \cdot \boldsymbol{c} = 1$$

vereinfachen sich die Gleichungen zu

$$\frac{\rho_1}{h_1} - \frac{\rho_2}{h_2} = 0 \quad \text{und} \quad \frac{\rho_1}{h_1} - \frac{\rho_3}{h_3} = 0.$$

Daraus folgt

$$\frac{\rho_1}{h_1} = \frac{\rho_2}{h_2} = \frac{\rho_3}{h_3} \quad \text{oder} \quad \rho_1 : \rho_2 : \rho_3 = h_1 : h_2 : h_3,$$

oder schließlich

$$\rho_1 = n h_1; \ \rho_2 = n h_2; \ \rho_3 = n h_3$$

(n ist eine Zahl und hat mit $\boldsymbol{n}$ nichts zu tun!).

Der zu einer Netzebenenschar mit den MILLERschen Indizes h_1, h_2, h_3 senkrechte Vektor des reziproken Gitters ist also gegeben durch

$$\boldsymbol{r}^* = n(h_1 \boldsymbol{a}^* + h_2 \boldsymbol{b}^* + h_3 \boldsymbol{c}^*).$$

Der Einsvektor $\boldsymbol{n}$ muß die Richtung von $\boldsymbol{r}^*$ haben, er ist also der Einsvektor von $\boldsymbol{r}^*$:

$$\boldsymbol{n} = \frac{\boldsymbol{r}^*}{|\boldsymbol{r}^*|} = \frac{n(h_1 \boldsymbol{a}^* + h_2 \boldsymbol{b}^* + h_3 \boldsymbol{c}^*)}{|n(h_1 \boldsymbol{a}^* + h_2 \boldsymbol{b}^* + h_3 \boldsymbol{c}^*)|}.$$

Dieser Ausdruck läßt sich durch die Zahl n kürzen:

$$\boldsymbol{n} = \frac{h_1 \boldsymbol{a}^* + h_2 \boldsymbol{b}^* + h_3 \boldsymbol{c}^*}{|h_1 \boldsymbol{a}^* + h_2 \boldsymbol{b}^* + h_3 \boldsymbol{c}^*|}.$$

Die Stellung einer Schar von Netzebenen (mit den MILLERschen Indizes h_1, h_2, h_3) ist demnach mit Hilfe des reziproken Gitters ($\boldsymbol{a}^*$, $\boldsymbol{b}^*$, $\boldsymbol{c}^*$) relativ einfach auszudrücken.

Die Abstände p aller parallelen Netzebenen vom Koordinatenursprung sind ganzzahlige (positive und negative) Vielfache des Netzebenenabstandes d. Die Netzebene mit $p = 0$ geht durch den Ursprung, und um d zu ermitteln, brauchen wir nur nach der Netzebene mit dem kleinsten positiven p, als mit dem kleinsten positiven Wert für alle $\boldsymbol{n} \cdot \boldsymbol{r}$ zu suchen. Dieser Wert ist dann der gesuchte Abstand d (Abb. 91).

Mit

$$\boldsymbol{n} = \frac{h_1 \boldsymbol{a}^* + h_2 \boldsymbol{b}^* + h_3 \boldsymbol{c}^*}{|h_1 \boldsymbol{a}^* + h_2 \boldsymbol{b}^* + h_3 \boldsymbol{c}^*|}$$

und

$$\boldsymbol{r} = s_1 \boldsymbol{a} + s_2 \boldsymbol{b} + s_3 \boldsymbol{c} \quad (s_1, s_2, s_3 \text{ ganzzahlig})$$

erhalten wir

$$\boldsymbol{n} \cdot \boldsymbol{r} = \frac{(h_1 \boldsymbol{a}^* + h_2 \boldsymbol{b}^* + h_3 \boldsymbol{c}^*) \cdot (s_1 \boldsymbol{a} + s_2 \boldsymbol{b} + s_3 \boldsymbol{c})}{|h_1 \boldsymbol{a}^* + h_2 \boldsymbol{a}^* + h_3 \boldsymbol{a}^*|},$$

was unter Berücksichtigung der Definitionsgleichungen für das reziproke Gitter sich zu

$$p = \frac{h_1 s_1 + h_2 s_2 + h_3 s_3}{|h_1 \boldsymbol{a}^* + h_2 \boldsymbol{b}^* + h_3 \boldsymbol{c}^*|}$$

vereinfacht. Weil nun h_1, h_2, h_3 und s_1, s_2, s_3 positiv oder negativ ganzzahlig (einschließlich Null) sind, muß auch der Zähler des obigen Ausdruckes ganzzahlig sein. Der kleinste von Null verschiedene positive Wert für p, also der Netzebenenabstand d, ergibt sich für alle jene Gitterbausteine, für die s_1, s_2, s_3 gerade solche Werte haben, daß der Zähler

$$h_1 s_1 + h_2 s_2 + h_3 s_3 = 1$$

wird. Also ist der Netzebenenabstand

$$d = \frac{1}{|h_1 \boldsymbol{a}^* + h_2 \boldsymbol{b}^* + h_3 \boldsymbol{c}^*|},$$

das ist der Kehrwert des Betrages des Vektors $(h_1 \boldsymbol{a}^* + h_2 \boldsymbol{b}^* + h_3 \boldsymbol{c}^*)$. Mit Hilfe des reziproken Gitters läßt sich also auch der Abstand zweier benachbarter (paralleler) Netzebenen ausdrücken.

Der Vektor des reziproken Gitters $(h_1 \boldsymbol{a}^* + h_2 \boldsymbol{b}^* + h_3 \boldsymbol{c}^*)$ zeigt demnach durch seine Richtung die Stellung der Ebenen einer Netzebenenschar an, und durch den Kehrwert seines Betrages deren gegenseitigen Abstand.

Anwendung des reziproken Gitters, die Ewaldsche Ausbreitungskugel. Zunächst erarbeiten wir uns einen Zusammenhang zwischen den Koeffizienten s_1, s_2, s_3 eines beliebigen Gittervektors $\boldsymbol{r} = s_1 \boldsymbol{a} + s_2 \boldsymbol{b} + s_3 \boldsymbol{c}$ und dem reziproken Gitter: Durch skalare Multiplikationen von $\boldsymbol{r}$ mit $\boldsymbol{a}^*, \boldsymbol{b}^*, \boldsymbol{c}^*$ erhalten wir unter Berücksichtigung der Definitionsgleichungen (Seite 89) des reziproken Gitters die folgenden einfachen Beziehungen:

$$\boldsymbol{a}^* \cdot \boldsymbol{r} = s_1; \quad \boldsymbol{b}^* \cdot \boldsymbol{r} = s_2; \quad \boldsymbol{c}^* \cdot \boldsymbol{r} = s_3 .$$

Eine analoge Beziehung folgt für die ganzzahligen Koeffizienten ρ_1, ρ_2, ρ_3 eines reziproken Gittervektors $\boldsymbol{r}^* = \rho_1 \boldsymbol{a}^* + \rho_2 \boldsymbol{b}^* + \rho_3 \boldsymbol{c}^*$:

$$\boldsymbol{a} \cdot \boldsymbol{r}^* = \rho_1; \quad \boldsymbol{b} \cdot \boldsymbol{r}^* = \rho_2; \quad \boldsymbol{c} \cdot \boldsymbol{r}^* = \rho_3 .$$

Die letzten drei Gleichungen lassen einen unmittelbaren Vergleich zur LAUEbedingung (vgl. Seite 26/27)

$$\boldsymbol{a} \cdot \frac{\boldsymbol{s}-\boldsymbol{s}_0}{\lambda} = H_1; \quad \boldsymbol{b} \cdot \frac{\boldsymbol{s}-\boldsymbol{s}_0}{\lambda} = H_2; \quad \boldsymbol{c} \cdot \frac{\boldsymbol{s}-\boldsymbol{s}_0}{\lambda} = H_3$$

zu. Denn ebenso wie ρ_1, ρ_2, ρ_3 sind die H_1, H_2, H_3 ganzzahlig, so daß $(\boldsymbol{s}-\boldsymbol{s}_0)/\lambda$ nicht anders sein kann als ein Vektor des zu $\boldsymbol{a}, \boldsymbol{b}, \boldsymbol{c}$ reziproken Gitters:

$$\frac{\boldsymbol{s}-\boldsymbol{s}_0}{\lambda} = H_1 \boldsymbol{a}^* + H_2 \boldsymbol{b}^* + H_3 \boldsymbol{c}^* .$$

Diese Gleichung kann als vektorielle Form der LAUEbedingung aufgefaßt werden. Sie umfaßt im Rahmen der getroffenen Voraussetzungen die gesamte Geometrie der Interferenzstrahlung. Sie ermöglicht es zu ermitteln, in welcher Richtung $\boldsymbol{s}$ eine in einer gegebenen Richtung $\boldsymbol{s}_0$ einfallende Röntgenstrahlung bekannter Wellenlänge von einem Kristall bekannter Achsenvektoren $\boldsymbol{a}, \boldsymbol{b}, \boldsymbol{c}$ und Justierung gebeugt wird, d. h. also die Richtung anzugeben, in der sich die von den einzelnen Gitterbausteinen ausgehenden Wellen durch Interferenz verstärken.

Man findet den gesuchten Vektor $\boldsymbol{s}$ bzw. $\boldsymbol{s}/\lambda$ am leichtesten, indem man eine Konstruktion der Vektordifferenz $(\boldsymbol{s}/\lambda - \boldsymbol{s}_0/\lambda)$ unter Bedingungen durchführt, die die Ablesung ermöglichen, ob diese Vektordifferenz tatsächlich ein Vektor $(H_1 \boldsymbol{a}^* + H_2 \boldsymbol{b}^* + H_3 \boldsymbol{c}^*)$ des reziproken Gitters ist.

Wir zeichnen dazu in das Schema eines reziproken Gitters den Vektor $\boldsymbol{s}_0/\lambda$ so ein, daß seine Spitze mit einem Punkt dieses Gitters zusammenfällt (Abb. 92). Da $\boldsymbol{s}/\lambda$ den gleichen Betrag hat wie $\boldsymbol{s}_0/\lambda$ ($\boldsymbol{s}$ und $\boldsymbol{s}_0$ sind bekanntlich Einsvektoren), so müssen die Spitzen aller möglichen $\boldsymbol{s}/\lambda$ auf einer Kugel um M liegen, wenn man $\boldsymbol{s}/\lambda$ vom gleichen Punkt (nämlich M) ausgehen läßt wie $\boldsymbol{s}_0/\lambda$. Die Vektordifferenz $(\boldsymbol{s}/\lambda - \boldsymbol{s}_0/\lambda)$ ist dann die Verbindungslinie der Spitzen von $\boldsymbol{s}_0/\lambda$ und $\boldsymbol{s}/\lambda$. Wenn nun $(\boldsymbol{s}/\lambda - \boldsymbol{s}_0/\lambda)$ ein Vektor des reziproken Gitters sein soll, dann muß sein Endpunkt mit einem Punkte dieses Gitters zusammenfallen. Das ist überall dort der Fall, wo die Kugel, die man EWALD*sche Ausbreitungskugel* nennt, auf einen Punkt des reziproken Gitters trifft. Die Konstruktion dieser EWALDschen Ausbreitungskugel ist natürlich nur eine gedankliche Konstruktion, in der Praxis muß man sich mit einem *Kreis* mit einem Radius, der $1/\lambda$ entspricht, begnügen. Man erhält damit natürlich nur einen zweidimensionalen Aspekt des dreidimensionalen Problems.

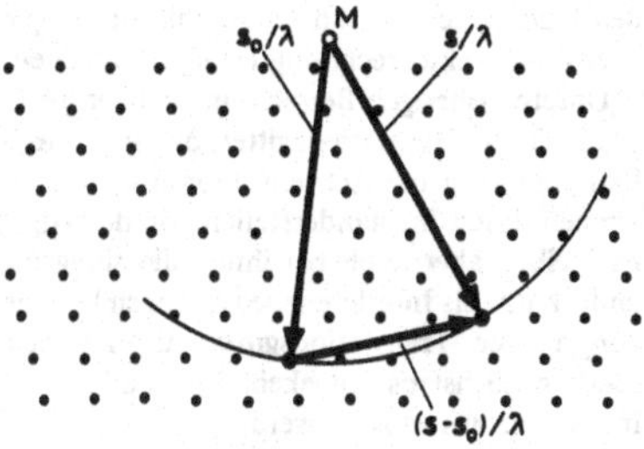

Abb. 92. Ewaldsche Ausbreitungskugel

Die Braggsche Interferenzbedingung. Die LAUEbedingung in ihrer vektoriellen Form

$$(\boldsymbol{s} - \boldsymbol{s}_0)/\lambda = H_1 \boldsymbol{a}^* + H_2 \boldsymbol{b}^* + H_3 \boldsymbol{c}^*$$

macht eine anschauliche Vorstellung über die Beugung der Röntgenstrahlen in Kristallen möglich.

Der Vektor rechts steht als Vektor des reziproken Gitters auf einer Netzebenenschar senkrecht, deren MILLERsche Indizes sich nach dem auf Seite 91 Gesagten verhalten wie

$$h_1 : h_2 : h_3 = H_1 : H_2 : H_3 ,$$

d. h. es muß gelten

$$H_1 = n h_1; \; H_2 = n h_2; \; H_3 = n h_3 \quad (n \ldots \text{ganzzahlig}),$$

sofern die H_1, H_2, H_3 einen gemeinsamen Teiler n haben. Damit läßt sich die LAUEbedingung auch anschreiben als

$$\frac{\boldsymbol{s}}{\lambda} - \frac{\boldsymbol{s}_0}{\lambda} = n(h_1 \boldsymbol{a}^* + h_2 \boldsymbol{b}^* + h_3 \boldsymbol{c}^*) = n \boldsymbol{r}_0^* ,$$

wenn wir zur Abkürzung den durch den Klammerausdruck dargestellten reziproken Vektor mit $\boldsymbol{r}_0^*$ bezeichnen wollen. In Abb. 93a sind $\boldsymbol{s}$, $\boldsymbol{s}_0$ und $\boldsymbol{r}_0^*$ dargestellt, sowie die durch $\boldsymbol{r}_0^*$ repräsentierte Netzebenenschar, deren Ebenen bekanntlich senkrecht zu $\boldsymbol{r}_0^*$ sind und einen Abstand $d = 1/|\boldsymbol{r}_0^*|$ voneinander haben. Die Entstehung der in die Richtung $\boldsymbol{s}$ abgebeugten Röntgenstrahlung kann also als eine Reflexion an (teilweise durchlässigen)

Netzebenen aufgefaßt werden; r_0^* zeigt in Richtung der Flächennormalen, Einfallswinkel und Ausfallswinkel sind gleich. In der Röntgenographie rechnet man allerdings meist mit dem in der Figur eingezeichneten sogenannten *Glanzwinkel* φ. Dieser ist – ebenso wie der zu einer Reflexion führende Einfallswinkel – nicht beliebig, er hängt vom Netzebenenabstand und von der Wellenlänge ab. Man findet diese Abhängigkeit unmittelbar aus der EWALDschen Konstruktion Abb. 93b. Die Schenkel dieses gleichschenkligen Dreiecks betragen $1/\lambda$, die Grundlinie $n\,|r_0^*| = n/d$. Aus einem der beiden, mittels der Höhe gebildeten rechtwinkligen Dreiecke folgt sofort

$$\frac{1}{2} \cdot \frac{n}{d} = \frac{1}{\lambda} \sin \varphi$$

oder

$$n\lambda = 2d \sin \varphi .$$

Man nennt diese Gleichung die *Braggsche Interferenz- oder Reflexionsbedingung*. Man kann sie auch unmittelbar aus der Vorstellung ableiten, daß die Röntgenstrahlung an den Netzebenen wie an teildurchlässigen Spiegeln reflektiert wird. Da diese Ableitung aber ohne Vektorrechnung erfolgt, verzichten wir hier auf sie.

Unsere bisherigen Betrachtungen über die Gittertheorie der Kristalle bezogen sich auf das einfache Translationsgitter, das sich durch fortgesetzte Translationen eines einzigen Bausteines um die Achsenvektoren $\boldsymbol{a}$, $\boldsymbol{b}$, $\boldsymbol{c}$ beschreiben läßt. Die natürlichen Kristalle können durch Ineinanderstellen von derartigen Translationsgittern beschrieben werden. Es bleiben aber auch bei ihnen die sinngemäß angewendeten Gleichungen von LAUE und BRAGG als Interferenzbedingungen bestehen, weil durch Ineinanderstellung mehrerer kongruenter Translationsgitter niemals neue Interferenzrichtungen erzielt werden, sondern höchstens umgekehrt der Fall eintreten kann, daß abgebeugte Strahlen durch Interferenz ausgelöscht werden.

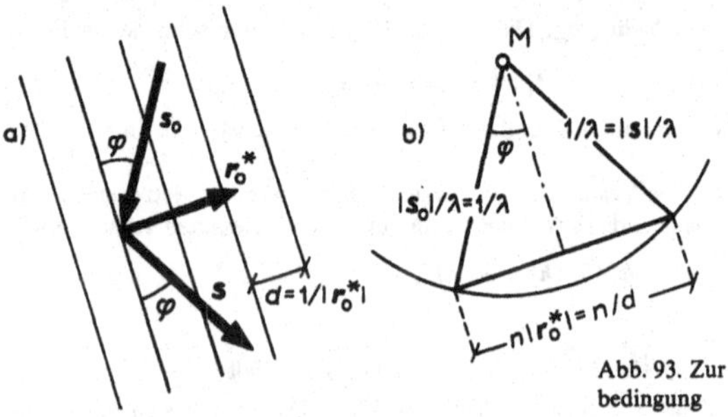

Abb. 93. Zur Braggschen Interferenzbedingung

4.7 Übungsaufgaben

56. Eine Ebene im Raum sei durch drei in ihr liegende Punkte A, B, C mit den Ortsvektoren $\boldsymbol{a}$, $\boldsymbol{b}$, $\boldsymbol{c}$ gegeben. Die Vektorgleichung dieser Ebene kann mit $\boldsymbol{r}$ als Ortsvektor des allgemeinen Punktes auf ihr in der Form

$$\boldsymbol{r} \cdot \{(\boldsymbol{a} \times \boldsymbol{b}) + (\boldsymbol{b} \times \boldsymbol{c}) + (\boldsymbol{c} \times \boldsymbol{a})\} = [\boldsymbol{a}\,\boldsymbol{b}\,\boldsymbol{c}]$$

geschrieben werden. Wie läßt sich diese Gleichung herleiten?

57. Es sei $\boldsymbol{R} = \boldsymbol{A} \times \boldsymbol{B}$. Man zeige, daß die Projektion A' von $\boldsymbol{A}$ auf $\boldsymbol{B} \times \boldsymbol{R}$ gleich ist

$$A' = \frac{\boldsymbol{B} \times \boldsymbol{R}}{|\boldsymbol{B} \times \boldsymbol{R}|} \cdot \boldsymbol{A} = \frac{R^2}{|\boldsymbol{B} \times \boldsymbol{R}|} = \frac{R}{B}$$

58. Es sei $\boldsymbol{R} = \boldsymbol{A} \times \boldsymbol{B}$ und $\boldsymbol{A} \cdot \boldsymbol{S} = 0$. Man berechne den Vektor $\boldsymbol{A}$.

59. Man interpretiere eine dreireihige Determinante

$$\begin{vmatrix} A_x & A_y & A_z \\ B_x & B_y & B_z \\ C_x & C_y & C_z \end{vmatrix}$$

als Spatprodukt dreier Vektoren $\boldsymbol{A}, \boldsymbol{B}, \boldsymbol{C}$ und beweise für sie auf diesem Wege folgende Determinantensätze:

a) Eine Determinante wird mit einem Faktor multipliziert, indem man alle Glieder einer ihrer Zeilen mit diesem Faktor multipliziert.
b) Eine Determinante, bei der die Glieder zweier Zeilen paarweise gleich sind, ist Null.
c) Eine Determinante, bei der die entsprechenden Glieder zweier Zeilen einander proportional sind, ist Null.
d) Der Wert einer Determinante bleibt unverändert, wenn man zu jedem Glied einer Zeile das entsprechende Glied einer anderen Zeile hinzufügt.
e) Der Wert einer Determinante bleibt unverändert, wenn man zu jedem Glied einer Zeile ein stets gleiches Vielfache des entsprechenden Gliedes einer anderen Zeile hinzufügt.

(Nebenbei: Wegen der Vertauschbarkeit von Zeilen und Spalten in einer Determinante gelten die obigen Sätze auch für Spalten)

60. Es ist durch Rechnung zu zeigen, daß folgende Vektoren komplanar sind:

$$\boldsymbol{A} = 3\boldsymbol{i} - \boldsymbol{j} - 6\boldsymbol{k}, \quad \boldsymbol{B} = \boldsymbol{i} + 2\boldsymbol{j} - 2\boldsymbol{k}, \quad \boldsymbol{C} = -\boldsymbol{i} + 5\boldsymbol{j} + 2\boldsymbol{k}.$$

61. Gegeben seien die Beträge A und B. Welchen Wert hat der Skalar $(\boldsymbol{A} \cdot \boldsymbol{B})^2 + (\boldsymbol{A} \times \boldsymbol{B})^2$?

62. Man forme unter Berücksichtigung des Ergebnisses aus Aufgabe 61 den Ausdruck $[\boldsymbol{A}\,\boldsymbol{B}\,\boldsymbol{C}]^2$ so um, daß nur noch skalare Produkte auftreten.

63. Man berechne $(\boldsymbol{A} \times \boldsymbol{B}) \times (\boldsymbol{C} \times \boldsymbol{D})$.

64. Ein Beispiel zur Driftgeschwindigkeit in einer Gasentladung: Aufgrund von $\boldsymbol{v} = \mu \boldsymbol{F}/Q$ und aufgrund der Tatsache, daß für positive Ladungen $\boldsymbol{v}$ und $\boldsymbol{F}$ die gleiche Richtung haben, ist die Beweglichkeit μ für positive Ladungen >0, für negative <0. Man berechne für den Fall, daß $\boldsymbol{B} \perp \boldsymbol{E}$, die drei Komponenten $v_{\boldsymbol{E}}$, $v_{\boldsymbol{B}}$ und $v_{\boldsymbol{E} \times \boldsymbol{B}}$ der Driftgeschwindigkeit. Man zeige auf diese Weise, daß die Querablenkung durch das Magnetfeld für positive und für negative Ionen (Ladungen) in der *gleichen* Richtung erfolgt.

65. Man zeige, daß aus der Gleichung $\boldsymbol{A} \times (\boldsymbol{B} \times \boldsymbol{C}) = (\boldsymbol{A} \times \boldsymbol{B}) \times \boldsymbol{C}$ die Bedingung $(\boldsymbol{A} \times \boldsymbol{C}) \times \boldsymbol{B} = 0$ folgt.

66. Die Gittervektoren von Muskovit (Glimmer) sind in kartesischen Koordinaten

$$\boldsymbol{a} = 0{,}518\,\text{nm}\,\boldsymbol{i}, \quad \boldsymbol{b} = 0{,}902\,\text{nm}\,\boldsymbol{j}, \quad \boldsymbol{c} = -0{,}190\,\text{nm}\,\boldsymbol{i} + 1{,}995\,\text{nm}\,\boldsymbol{k}.$$

Man berechne das Volumen der Elementarzelle und die Vektoren des reziproken Gitters.

Lösungen

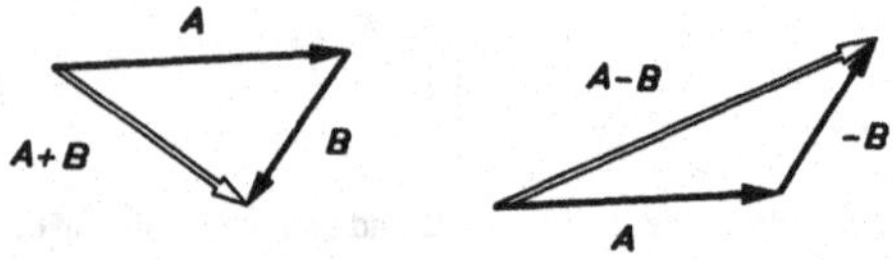

1. $|A + B| < |A - B|$

2. Vektor von P nach Q: $B - A$; Vektor von Q nach P: $A - B$

3. $M = (A + B)/2$.

4. Es sei M_1 ... Ortsvektor zu Punkt 1,
M_2 ... Ortsvektor zu Punkt 2,
usw.

   Voraussetzung: $M_1 = (D + A)/2$; $M_2 = (A + B)/2$;
   $M_3 = (B + C)/2$; $M_4 = (C + D)/2$

   Behauptung: $a = -c$; $b = -d$

   Beweis: $a = M_2 - M_1 = (B - D)/2$
   $c = M_4 - M_3 = (D - B)/2$
   also $a = -c$.

   Der Beweis für $b = -d$ läuft analog.

5. Voraussetzung: $a - v - b + u = 0$ ...(1)

   $$m = b + \frac{v}{2} - \frac{u}{2} \quad \text{...(2)}$$

   Behauptung: $m \neq f(u, v)$

   Beweis: Berechnet man aus (1) z. B. $u = b + v - a$ und substituiert dies in (2), so folgt $m = (a + b)/2$.
   Damit ist der Beweis erbracht.

6. Voraussetzung: $m = A + (B + D)/2$
   $n = B + (C + A)/2$

   Behauptung: $\frac{A}{2} + \frac{n}{2} - \frac{m}{2} + \frac{D}{2} = 0$
   (man betrachte hierzu das gerasterte Viereck)

   Beweis: Man setze die Ausdrücke für m und n aus der Voraussetzung in die Behauptung ein. Das ergibt tatsächlich null, denn $A + B + C + D$ bilden ja einen geschlossenen Linienzug.

7. Voraussetzung: $a = (C - B)/2$; $b = (A - C)/2$; $c = (B - A)/2$

   Behauptung: $a + b + c = 0$

Beweis: Man substituiere die Ausdrücke für $\boldsymbol{a}$, $\boldsymbol{b}$, $\boldsymbol{c}$ aus der Voraussetzung in die Behauptung!

8. Man betrachte Abb. 32!
Voraussetzung: $\boldsymbol{a} = (\boldsymbol{C} - \boldsymbol{B})/2$; $\boldsymbol{b} = (\boldsymbol{A} - \boldsymbol{C})/2$; $\boldsymbol{c} = (\boldsymbol{B} - \boldsymbol{A})/2$

Behauptung: z. B. $\frac{2}{3}\boldsymbol{a} + \frac{1}{3}\boldsymbol{c} - \frac{1}{2}\boldsymbol{C} = 0$

Beweis: Man substituiere die Ausdrücke für $\boldsymbol{a}$ und $\boldsymbol{c}$ aus der Voraussetzung in die Behauptung. Das ergibt

$$-\boldsymbol{A}/6 - \boldsymbol{B}/6 - \boldsymbol{C}/6 = 0 \Rightarrow \boldsymbol{A} + \boldsymbol{B} + \boldsymbol{C} = 0;$$

damit ist der Beweis erbracht, denn $\boldsymbol{A}$, $\boldsymbol{B}$, $\boldsymbol{C}$ bilden ja das (geschlossene) Dreieck.

9. $a + b + c = 0$

10. $\varphi = \arccos(1/\sqrt{3}) \approx 54{,}7°$

11. $(e_A)_x = 6/7$; $(e_A)_y = -2/7$; $(e_A)_z = 3/7$
$\alpha = \arccos(6/7) \approx 31°$
$\beta = \arccos(-2/7) \approx 106{,}6°$
$\gamma = \arccos(3/7) \approx 64{,}6°$

12. Aus Symmetriegründen haben die Koordinaten der gesuchten vier Ortsvektoren alle den gleichen Betrag. Er sei zunächst b. Aus Abb. 34 erkennt man:

$$\left.\begin{array}{l} \boldsymbol{r}_1 + \boldsymbol{r}_2 = 2b\boldsymbol{k} \\ \boldsymbol{r}_1 + \boldsymbol{r}_3 = 2b\boldsymbol{i} \\ \boldsymbol{r}_1 + \boldsymbol{r}_4 = -2b\boldsymbol{j} \\ \text{usw.} \end{array}\right\} \Rightarrow \left.\begin{array}{l} r_{1x} = r_{3x} = b \\ r_{1y} = r_{4y} = -b \\ r_{1z} = r_{2z} = b \\ \text{usw.} \end{array}\right\} \Rightarrow$$

$$\begin{array}{l} \boldsymbol{r}_1 = b(\boldsymbol{i} - \boldsymbol{j} + \boldsymbol{k}) \\ \boldsymbol{r}_2 = b(-\boldsymbol{i} + \boldsymbol{j} + \boldsymbol{k}) \\ \text{usw.} \end{array}$$

Der Wert für b ergibt sich aus der Kantenlänge $\sqrt{2}$:

$$\text{z. B.} \quad \sqrt{2} = |\boldsymbol{r}_1 - \boldsymbol{r}_2| = |2b\boldsymbol{i} - 2b\boldsymbol{j}| = 2b\sqrt{2} \Rightarrow b = 1/2$$

Also

$$\begin{array}{l} \boldsymbol{r}_1 = (\boldsymbol{i} - \boldsymbol{j} + \boldsymbol{k})/2 \\ \boldsymbol{r}_2 = (-\boldsymbol{i} + \boldsymbol{j} + \boldsymbol{k})/2 \\ \boldsymbol{r}_3 = (\boldsymbol{i} + \boldsymbol{j} - \boldsymbol{k})/2 \\ \boldsymbol{r}_4 = (-\boldsymbol{i} - \boldsymbol{j} - \boldsymbol{k})/2 \end{array}$$

13. $\boldsymbol{F}_a = (-\frac{16}{5}\boldsymbol{i} - \frac{64}{15}\boldsymbol{j})\,\text{kp}$; $|\boldsymbol{F}_a| \approx 5{,}32\,\text{kp}$
$\boldsymbol{F}_b = (\frac{16}{5}\boldsymbol{i} - \frac{4}{3}\boldsymbol{j})\,\text{kp}$; $|\boldsymbol{F}_b| \approx 3{,}46\,\text{kp}$

14. Die Stäbe sind durch folgende Vektoren darstellbar:

$$\begin{array}{l} \boldsymbol{a} = (\boldsymbol{i} + 2\boldsymbol{j} + 2\boldsymbol{k})\text{m} \\ \boldsymbol{b} = (-\boldsymbol{i} - 2\boldsymbol{j} + 2\boldsymbol{k})\text{m} \\ \boldsymbol{c} = (-2\boldsymbol{i} + \boldsymbol{j} + 2\boldsymbol{k})\text{m} \end{array}$$

Die Stabkräfte sind zu diesen Vektoren kollinear:

$$\boldsymbol{F}_a = \alpha\boldsymbol{a}; \quad \boldsymbol{F}_b = \beta\boldsymbol{b}; \quad \boldsymbol{F}_c = \gamma\boldsymbol{c}$$

Aus

$$\boldsymbol{F} = \boldsymbol{F}_a + \boldsymbol{F}_b + \boldsymbol{F}_c = \alpha\boldsymbol{a} + \beta\boldsymbol{b} + \gamma\boldsymbol{c}$$

folgen für die skalaren Komponenten die drei Gleichungen

$$\begin{aligned} \alpha - \beta - 2\gamma &= 0 & & \alpha = 0{,}245\ \text{Mp/m} \\ 2\alpha - 2\beta + \gamma &= 1{,}2\ \text{Mp/m} & \Rightarrow\quad & \beta = -0{,}235\ \text{Mp/m} \\ 2\alpha + 2\beta + 2\gamma &= 0{,}5\ \text{Mp/m} & & \gamma = 0{,}24\ \text{Mp/m} \end{aligned}$$

Somit

$$\begin{aligned} \boldsymbol{F}_a &= 0{,}245\boldsymbol{a} = 0{,}245(\boldsymbol{i} + 2\boldsymbol{j} + 2\boldsymbol{k})\ \text{Mp}; & &\text{Zug} \\ \boldsymbol{F}_b &= -0{,}235\boldsymbol{b} = 0{,}235(\boldsymbol{i} + 2\boldsymbol{j} - 2\boldsymbol{k})\ \text{Mp}; & &\text{Druck} \\ \boldsymbol{F}_c &= 0{,}24\boldsymbol{c} = 0{,}24(-2\boldsymbol{i} + \boldsymbol{j} + 2\boldsymbol{k})\ \text{Mp}; & &\text{Zug} \end{aligned}$$

15. $\boldsymbol{V} = \boldsymbol{B} - \dfrac{\boldsymbol{A}\cdot\boldsymbol{B}}{\boldsymbol{A}\cdot\boldsymbol{C}}\boldsymbol{C}$

16. Behauptung: $\boldsymbol{V} = \boldsymbol{B} - \boldsymbol{A}(\boldsymbol{A}\cdot\boldsymbol{B})/A^2$
$\boldsymbol{V} \perp \boldsymbol{A}$

Beweis: $\boldsymbol{V}\cdot\boldsymbol{A} = \boldsymbol{B}\cdot\boldsymbol{A} - \dfrac{A^2(\boldsymbol{A}\cdot\boldsymbol{B})}{A^2} = 0$

Damit ist der Beweis erbracht.

17. Voraussetzung: $\boldsymbol{a}\cdot\boldsymbol{b} = 0$
$\boldsymbol{a} + \boldsymbol{b} = \boldsymbol{c}$

Behauptung: $a^2 + b^2 = c^2$

Beweis: $c^2 = \boldsymbol{c}\cdot\boldsymbol{c} = (\boldsymbol{a} + \boldsymbol{b})\cdot(\boldsymbol{a} + \boldsymbol{b}) = \boldsymbol{a}\cdot\boldsymbol{a} + 2\boldsymbol{a}\cdot\boldsymbol{b} + \boldsymbol{b}\cdot\boldsymbol{b} = a^2 + 2\boldsymbol{a}\cdot\boldsymbol{b} + b^2$

Wegen $\boldsymbol{a}\cdot\boldsymbol{b} = 0$ folgt daraus

$$c^2 = a^2 + b^2$$

18. Diagonale 1: $\boldsymbol{D} = \boldsymbol{A} + \boldsymbol{B}$
Diagonale 2: $\boldsymbol{E} = \boldsymbol{A} - \boldsymbol{B}$

Bedingung: $\boldsymbol{D}\cdot\boldsymbol{E} = 0$

Daraus folgt: $(\boldsymbol{A} + \boldsymbol{B})\cdot(\boldsymbol{A} - \boldsymbol{B}) = A^2 - B^2 = 0$, also $A = B$

19. Diagonale 1: $\boldsymbol{D} = \boldsymbol{A} + \boldsymbol{B}$
Diagonale 2: $\boldsymbol{E} = \boldsymbol{A} - \boldsymbol{B}$

Bedingung: $D^2 = E^2$

Daraus folgt: $(\boldsymbol{A} + \boldsymbol{B})\cdot(\boldsymbol{A} + \boldsymbol{B}) = (\boldsymbol{A} - \boldsymbol{B})\cdot(\boldsymbol{A} - \boldsymbol{B})$
$A^2 + 2\boldsymbol{A}\cdot\boldsymbol{B} + B^2 = A^2 - 2\boldsymbol{A}\cdot\boldsymbol{B} + B^2 \Rightarrow \boldsymbol{A}\cdot\boldsymbol{B} = 0$, also $\boldsymbol{A} \perp \boldsymbol{B}$

20. Voraussetzung: $\boldsymbol{D} = \boldsymbol{A} + \boldsymbol{B}$
$\boldsymbol{E} = \boldsymbol{A} - \boldsymbol{B}$

Behauptung: $D^2 - E^2 = 4A\,B_A = 4\boldsymbol{A}\cdot\boldsymbol{B}$

Beweis durch Substitution der Ausdrücke für $\boldsymbol{D}$ und $\boldsymbol{E}$ in die Behauptung.

21. $\boldsymbol{V} = \dfrac{\boldsymbol{A}\cdot\boldsymbol{B}}{\boldsymbol{B}\cdot\boldsymbol{B}}\boldsymbol{B}$

22. $\cos\varphi = \boldsymbol{e}_1\cdot\boldsymbol{e}_2 = \cos\alpha_1\cos\alpha_2 + \cos\beta_1\cos\beta_2 + \cos\gamma_1\cos\gamma_2$

23. $\varphi = \arccos\dfrac{\boldsymbol{R}\cdot\boldsymbol{S}}{RS} = \arccos\dfrac{17}{2\sqrt{91}} \approx 27°$

24. $\lambda = 3$

25. $\varphi = \operatorname{arc\,cos} \frac{\boldsymbol{D}_1 \cdot \boldsymbol{D}_2}{D_1 D_2} = \operatorname{arc\,cos}(1/2) = 60°$

26. $\varphi = \operatorname{arc\,cos} \frac{\boldsymbol{D}_1 \cdot \boldsymbol{D}_2}{D_1 D_2} = \operatorname{arc\,cos}(1/3) = 70{,}5°$

27. $\varphi = \operatorname{arc\,cos} \frac{\sqrt{3} + 1}{2\sqrt{2}} = 15°$

28. $\boldsymbol{n} = -\frac{2}{\sqrt{21}}\boldsymbol{i} + \frac{4}{\sqrt{21}}\boldsymbol{j} + \frac{1}{\sqrt{21}}\boldsymbol{k}$ oder $\boldsymbol{n} = \frac{2}{\sqrt{21}}\boldsymbol{i} - \frac{4}{\sqrt{21}}\boldsymbol{j} - \frac{1}{\sqrt{21}}\boldsymbol{k}$

29. Es seien: $\boldsymbol{A}$ ... Ortsvektor des Punktes A
$\boldsymbol{B}$ ... Ortsvektor des Punktes B
$\boldsymbol{r}_0$ ... Ortsvektor des Punktes $(-7; -3; 2)$

Gleichung der Ebene: $\boldsymbol{r} \cdot \boldsymbol{n} = p$

$$\boldsymbol{n} = (\boldsymbol{A} - \boldsymbol{B})/|\boldsymbol{A} - \boldsymbol{B}| = \tfrac{1}{7}(6\boldsymbol{i} - 2\boldsymbol{j} - 3\boldsymbol{k})$$
$$[\text{oder } \boldsymbol{n} = (\boldsymbol{B} - \boldsymbol{A})/|\boldsymbol{B} - \boldsymbol{A}| = -\tfrac{1}{7}(6\boldsymbol{i} - 2\boldsymbol{j} - 3\boldsymbol{k})]$$
$$p = \boldsymbol{n} \cdot \boldsymbol{r}_0 = -6$$
$$[\text{oder } p = 6]$$

Mit $\boldsymbol{r} = x\boldsymbol{i} + y\boldsymbol{j} + z\boldsymbol{k}$ ist dann die Gleichung der Ebene:

$$6x - 2y - 3z = -42$$

30. $\boldsymbol{n} = -\boldsymbol{A}/A$

$p = B/(-A) = 3$

31. Normalen-Vektoren auf die Ebenen sind $\boldsymbol{A}$ und $\boldsymbol{C}$; somit

$$\varphi = \operatorname{arc\,cos}(\boldsymbol{A} \cdot \boldsymbol{C}/AC)$$

32. $\lambda = -1/2; \quad \mu = 3$

33. Aus den Orthogonalitätsbedingungen ergeben sich die Transformationskoeffizienten:

$$\begin{array}{lll} \cos\alpha_1 = \frac{1}{2}\sqrt{3} & \cos\beta_1 = 0 & \cos\gamma_1 = -\frac{1}{2} \\ \cos\alpha_2 = -\frac{1}{4}\sqrt{3} & \cos\beta_2 = \frac{1}{2} & \cos\gamma_2 = -\frac{3}{4} \\ \cos\alpha_3 = \frac{1}{4} & \cos\beta_3 = \frac{1}{2}\sqrt{3} & \cos\gamma_3 = \frac{1}{4}\sqrt{3} \end{array}$$

Damit ist

$$V_x' = 10\sqrt{3} + 6; \quad V_y = -5\sqrt{3} + 13; \quad V_z = \sqrt{3} + 5$$

34. In einem nicht gedrehten, aber um $\boldsymbol{s}$ verschobenen System ist

$$\boldsymbol{r}' = \boldsymbol{r} - \boldsymbol{s} = 6\boldsymbol{i} - 4\boldsymbol{k}.$$

Die Transformationskoeffizienten für das gedrehte Koordinatensystem sind nun

$$\begin{array}{lll} \cos\alpha_1 = 1 & \cos\beta_1 = 0 & \cos\gamma_1 = 0 \\ \cos\alpha_2 = 0 & \cos\beta_2 = \frac{1}{2}\sqrt{3} & \cos\gamma_2 = \frac{1}{2} \\ \cos\alpha_3 = 0 & \cos\beta_3 = -\frac{1}{2} & \cos\gamma_3 = \frac{1}{2}\sqrt{3} \end{array}$$

Also ist der Ortsvektor $\boldsymbol{r}'$ im gedrehten System

$$\boldsymbol{r}' = 6\boldsymbol{i}' - 2\boldsymbol{j}' + 2\sqrt{3}\boldsymbol{k}'$$

35. 1. Tetraeder: $\boldsymbol{A}_1 + \boldsymbol{A}_2 + \boldsymbol{A}_3 + \boldsymbol{A}_4 = 0$
2. Tetraeder: $\boldsymbol{B}_1 + \boldsymbol{B}_2 + \boldsymbol{B}_3 + \boldsymbol{B}_4 = 0$

Tetraeder 2 ist so beschaffen, daß z. B. $\boldsymbol{A}_1 // \boldsymbol{B}_1$ und $\boldsymbol{A}_2 = -\boldsymbol{B}_2$

Zusammenfügen mit den Flächen A_2 und B_2 ergibt einen Fünfflächner mit den Flächenvektoren

$$C_1 = A_1 + B_1; \quad C_2 = A_3; \quad C_3 = A_4; \quad C_4 = B_3; \quad C_5 = B_4$$

Damit ist

$$C_1 + C_2 + C_3 + C_4 + C_5 = -A_2 - B_2 = 0$$

Analog ergibt sich für jedes Polyeder als Vektorsumme der Flächenvektoren null.

36. $(A + B) \times (A - B) = (A \times A) + (B \times A) - (A \times B) - (B \times B) = (B \times A) - (A \times B)$
$= (B \times A) + (B \times A) = 2(B \times A)$

37. a) Eine Determinante, die zwei gleiche Reihen enthält, hat den Wert null.
b) Werden in einer Determinante zwei Reihen miteinander vertauscht, so ändert ihr Wert sein Vorzeichen.

38. a) $2k + j$ b) $5i$ c) $3i + 12j - 5k$

39. $A = \frac{1}{2}|(r_a - r_b) \times (r_a - r_c)| = 25/2$

40. $n = \frac{2}{7}i - \frac{3}{7}j - \frac{6}{7}k$

41. a) $P = \frac{AA}{A^2}$ b) $V_A = \frac{AA \cdot V}{A^2}$

42. $P = \frac{1}{10}ii - \frac{3}{10}ik - \frac{3}{10}ki + \frac{9}{10}kk$
$V_A = P \cdot V = -\frac{1}{2}i + \frac{3}{2}k$

43. $AB = 2ij - ik + 2jj - jk + 4kj - kk$

$AB \cdot C = 6i + 6j + 12k$

$C \cdot AB = 6j - 3k$

44. $$\frac{d}{dt}(AB) = \lim_{\Delta t \to 0} \frac{(A + \Delta A)(B + \Delta B) - AB}{\Delta t}$$

$$= \lim_{\Delta t \to 0} A \frac{B + \Delta B - B}{\Delta t} + \lim_{\Delta t \to 0} \frac{\Delta A}{\Delta t}(B + \Delta B)$$

$$= \lim_{\Delta t \to 0} A \frac{\Delta B}{\Delta t} + \frac{dA}{dt} \lim_{\Delta t \to 0} (B + \Delta B) = A\frac{dB}{dt} + \frac{dA}{dt}B$$

45. a) $\dot{r}$ ist die Geschwindigkeit; sie ist kollinear zu r; die Bahnkurve ist eine Gerade durch O.
b) die Geschwindigkeit ist senkrecht zu r; die Bahnkurve ist ein Kreis um O.

46. $a' = \vec{\omega} \times (\vec{\omega} \times r)$

47. Da $dA/dt = (r \times v)/2$ ist, ist $r \times v =$ konstant. Folglich ist der Drehimpuls L des Massenpunktes bezüglich Z

$$L = r \times p = r \times mv = m(r \times v) = \text{konstant}.$$

48. Voraussetzung: $v = \vec{\omega} \times \vec{\rho}$; $\vec{\omega} \perp \vec{\rho}$;
$\vec{\omega} =$ konstant, also auch $\omega =$ konstant;
$\rho =$ konstant

Behauptung: $|dv| = d|v|$

Beweis: a) $$\frac{dv}{dt} = \left(\frac{d\vec{\omega}}{dt} \times \vec{\rho}\right) + \left(\vec{\omega} \times \frac{d\vec{\rho}}{dt}\right) = \vec{\omega} \times \frac{d\vec{\rho}}{dt} = \vec{\omega} \times v \Rightarrow dv = (\vec{\omega} \times v)dt \neq 0.$$

b) $v = \omega \rho = \text{konstant}$

$dv/dt = 0$

$\Rightarrow dv = d|\boldsymbol{v}| = 0$

Somit $|d\boldsymbol{v}| \neq d|\boldsymbol{v}|$

49. $$\frac{d}{dt}(\boldsymbol{A}\cdot\boldsymbol{B}) = \frac{d}{dt}(A_xB_x + A_yB_y + A_zB_z)$$

$$= \left(\frac{dA_x}{dt}B_x + \frac{dA_y}{dt}B_y + \frac{dA_z}{dt}B_z\right) + \left(A_x\frac{dB_x}{dt} + A_y\frac{dB_y}{dt} + A_z\frac{dB_z}{dt}\right)$$

$$= \left(\boldsymbol{i}\frac{dA_x}{dt} + \boldsymbol{j}\frac{dA_y}{dt} + \boldsymbol{k}\frac{dA_z}{dt}\right)\cdot(\boldsymbol{i}B_x + \boldsymbol{j}B_y + \boldsymbol{k}B_z)$$

$$+ (\boldsymbol{i}A_x + \boldsymbol{j}A_y + \boldsymbol{k}A_z)\cdot\left(\boldsymbol{i}\frac{dB_x}{dt} + \boldsymbol{j}\frac{dB_y}{dt} + \boldsymbol{k}\frac{dB_z}{dt}\right)$$

$$= \frac{d\boldsymbol{A}}{dt}\cdot\boldsymbol{B} + \boldsymbol{A}\cdot\frac{d\boldsymbol{B}}{dt}$$

50. Rechnung vollkommen analog zu Aufg. 49. Allerdings hätte man in Aufg. 49 die Faktoren vertauschen dürfen, in Aufg. 50 darf man es nicht.

51. Man beginne mit der rechten Seite:

$$v\frac{dv}{dt} = \sqrt{v_x^2 + v_y^2 + v_z^2}\,\frac{d}{dt}\sqrt{v_x^2 + v_y^2 + v_z^2} = v_x\frac{dv_x}{dt} + v_y\frac{dv_y}{dt} + v_z\frac{dv_z}{dt}$$

$$= (\boldsymbol{i}v_x + \boldsymbol{j}v_y + \boldsymbol{k}v_z)\cdot\left(\boldsymbol{i}\frac{dv_x}{dt} + \boldsymbol{j}\frac{dv_y}{dt} + \boldsymbol{k}\frac{dv_z}{dt}\right) = \boldsymbol{v}\cdot\frac{d\boldsymbol{v}}{dt}.$$

52. $$|\boldsymbol{v}\times\boldsymbol{a}| = |\boldsymbol{r}'v \times d(\boldsymbol{r}'v)/dt| = v|\boldsymbol{r}' \times (v\,d\boldsymbol{r}'/dt + \boldsymbol{r}'\,dv/dt)|$$
$$= v|(\boldsymbol{r}' \times v^2\boldsymbol{r}'') + (\boldsymbol{r}' \times \boldsymbol{r}')dv/dt| = v^3|\boldsymbol{r}' \times \boldsymbol{r}''|.$$

Da $\boldsymbol{r}' = d\boldsymbol{r}/ds = d\boldsymbol{r}/d|\boldsymbol{r}|$ ein Einsvektor ist, muß $d\boldsymbol{r}''$ orthogonal zu ihm sein. Folglich ist $|\boldsymbol{r}' \times \boldsymbol{r}''| = |\boldsymbol{r}''|$; das ergibt schließlich $|\boldsymbol{v} \times \boldsymbol{a}| = v^3|\boldsymbol{r}''|$.

53. $\boldsymbol{r}(t) = a(\boldsymbol{i}\cos\omega t + \boldsymbol{j}\sin\omega t)$

$\boldsymbol{v}(t) = a\omega(-\boldsymbol{i}\sin\omega t + \boldsymbol{j}\cos\omega t)$.

54. $\boldsymbol{v}(t) = a\omega(-\boldsymbol{i}\sin\omega t + \boldsymbol{j}\cos\omega t) + \boldsymbol{k}c$;

$v = \sqrt{a^2\omega^2 + c^2}$.

55. $$\boldsymbol{t} = \frac{a\omega(-\boldsymbol{i}\sin\omega t + \boldsymbol{j}\cos\omega t) + \boldsymbol{k}c}{\sqrt{a^2\omega^2 + c^2}}.$$

$$\boldsymbol{n} = \frac{d\boldsymbol{t}}{|d\boldsymbol{t}|} = \frac{d\boldsymbol{t}/dt}{|d\boldsymbol{t}/dt|} = \frac{\dot{\boldsymbol{t}}}{|\dot{\boldsymbol{t}}|} = -\boldsymbol{i}\cos\omega t - \boldsymbol{j}\sin\omega t.$$

(man beachte $\boldsymbol{t}$ ... Tangentenvektor, t ... Zeit).

$$\boldsymbol{b} = \boldsymbol{t}\times\boldsymbol{n} = \frac{1}{\sqrt{a^2\omega^2 + c^2}}(\boldsymbol{i}c\sin\omega t - \boldsymbol{j}c\cos\omega t + \boldsymbol{k}a\omega).$$

56. Wenn A, B, C und der allgemeine Punkt P in einer Ebene liegen, sind z. B. die drei Vektoren $(\boldsymbol{a}-\boldsymbol{r})$, $(\boldsymbol{a}-\boldsymbol{b})$ und $(\boldsymbol{a}-\boldsymbol{c})$ komplanar. Daraus folgt

$$[(\boldsymbol{a}-\boldsymbol{r})(\boldsymbol{a}-\boldsymbol{b})(\boldsymbol{a}-\boldsymbol{c})] = 0.$$

Das ist bereits eine der möglichen Formen für die Vektorgleichung der Ebene durch A, B und C. Es gilt nun, sie wie verlangt umzuformen. Dazu zerlegt man das Spatprodukt $[(\boldsymbol{a}-\boldsymbol{r})(\boldsymbol{a}-\boldsymbol{b})(\boldsymbol{a}-\boldsymbol{c})]$ nach dem Distributivgesetz. Das ergibt

$$[\boldsymbol{aaa}]-[\boldsymbol{aac}]-[\boldsymbol{aba}]+[\boldsymbol{abc}]-[\boldsymbol{raa}]+[\boldsymbol{rac}]+[\boldsymbol{rba}]-[\boldsymbol{rbc}]=0\,.$$

Unter Berücksichtigung, daß Spatprodukte, die zwei gleiche Vektoren enthalten, null sind, kommt man dann leicht zu dem verlangten Ergebnis.

57. Wir weisen zunächst nach, daß $(\boldsymbol{B}\times\boldsymbol{R})\cdot\boldsymbol{A}=\boldsymbol{R}^2$ ist:

$$(\boldsymbol{B}\times\boldsymbol{R})\cdot\boldsymbol{A}=[\boldsymbol{BRA}]=[\boldsymbol{RAB}]=\boldsymbol{R}\cdot(\boldsymbol{A}\times\boldsymbol{B})=\boldsymbol{R}\cdot\boldsymbol{R}=\boldsymbol{R}^2\,.$$

Daß weiter $\dfrac{\boldsymbol{R}^2}{|\boldsymbol{B}\times\boldsymbol{R}|}=\dfrac{R}{B}$ ist, folgt aus $\boldsymbol{A}\times\boldsymbol{B}=\boldsymbol{R}$. Gemäß dieser Voraussetzung ist $\boldsymbol{R}\perp\boldsymbol{B}$, und somit $|\boldsymbol{B}\times\boldsymbol{R}|=BR$. Also

$$\frac{\boldsymbol{R}^2}{|\boldsymbol{B}\times\boldsymbol{R}|}=\frac{R^2}{BR}=\frac{R}{B}\,.$$

58. Aus $\boldsymbol{A}\times\boldsymbol{B}=\boldsymbol{R}$ folgt $\boldsymbol{A}\perp\boldsymbol{R}$ und $\boldsymbol{R}\cdot\boldsymbol{B}=0$;
aus $\boldsymbol{A}\cdot\boldsymbol{S}=0$ folgt $\boldsymbol{A}\perp\boldsymbol{S}$.

Der Vektor $\boldsymbol{A}$ steht somit senkrecht auf $\boldsymbol{R}$ und auf $\boldsymbol{S}$. Geht man mit dem daraus folgenden Ansatz $\boldsymbol{A}=\lambda(\boldsymbol{R}\times\boldsymbol{S})$ in die Gleichung $\boldsymbol{A}\times\boldsymbol{B}=\boldsymbol{R}$ ein, so ergibt sich eine Bestimmungsgleichung für λ:

$\lambda(\boldsymbol{R}\times\boldsymbol{S})\times\boldsymbol{B}=\boldsymbol{R}\Rightarrow\lambda\{\boldsymbol{S}(\boldsymbol{R}\cdot\boldsymbol{B})-\boldsymbol{R}(\boldsymbol{S}\cdot\boldsymbol{B})\}=\boldsymbol{R}$; wegen $\boldsymbol{R}\cdot\boldsymbol{B}=0$ folgt hieraus $\lambda=-1/(\boldsymbol{S}\cdot\boldsymbol{B})$, und für $\boldsymbol{A}$ ergibt sich dann

$$\boldsymbol{A}=\frac{\boldsymbol{S}\times\boldsymbol{R}}{\boldsymbol{S}\cdot\boldsymbol{B}}$$

59. a) $$n\begin{vmatrix}A_x & A_y & A_z\\ B_x & B_y & B_z\\ C_x & C_y & C_z\end{vmatrix}=n[\boldsymbol{ABC}]=n\boldsymbol{A}\cdot(\boldsymbol{B}\times\boldsymbol{C})=(n\boldsymbol{A})\cdot(\boldsymbol{B}\times\boldsymbol{C})$$

$$=[(n\boldsymbol{A})\boldsymbol{BC}]=\begin{vmatrix}nA_x & nA_y & nA_z\\ B_x & B_y & B_z\\ C_x & C_y & C_z\end{vmatrix}$$

b) $$\begin{vmatrix}A_x & A_y & A_z\\ A_x & A_y & A_z\\ C_x & C_y & C_z\end{vmatrix}=[\boldsymbol{AAC}]=0$$

c) $$\begin{vmatrix}A_x & A_y & A_z\\ \lambda A_x & \lambda A_y & \lambda A_z\\ C_x & C_y & C_z\end{vmatrix}=\lambda[\boldsymbol{AAC}]=0$$

d) $$\begin{vmatrix}A_x & A_y & A_z\\ B_x+A_x & B_y+A_y & B_z+A_z\\ C_x & C_y & C_z\end{vmatrix}=[\boldsymbol{A}(\boldsymbol{B}+\boldsymbol{A})\boldsymbol{C}]=(\boldsymbol{A}+\boldsymbol{B})\cdot(\boldsymbol{C}\times\boldsymbol{A})$$

$$=\boldsymbol{A}\cdot(\boldsymbol{C}\times\boldsymbol{A})+\boldsymbol{B}\cdot(\boldsymbol{C}\times\boldsymbol{B})$$

$$=[\boldsymbol{ACA}]+[\boldsymbol{BCA}]=[\boldsymbol{ABC}]=\begin{vmatrix}A_x & A_y & A_z\\ B_x & B_y & B_z\\ C_x & C_y & C_z\end{vmatrix}$$

e) $\begin{vmatrix} A_x & A_y & A_z \\ B_x + \mu A_x & B_y + \mu A_y & B_z + \mu A_z \\ C_x & C_y & C_z \end{vmatrix} = [A(B + \mu A)C] = [ABC] + \mu[AAC]$

$$= [ABC] = \begin{vmatrix} A_x & A_y & A_z \\ B_x & B_y & B_z \\ C_x & C_y & C_z \end{vmatrix}$$

60. $[ABC] = \begin{vmatrix} 3 & -1 & -6 \\ 1 & 2 & -2 \\ -1 & 5 & 2 \end{vmatrix} = 0$

61. $(A \cdot B)^2 + (A \times B)^2 = A^2 B^2 \cos^2 \alpha + A^2 B^2 \sin^2 \alpha = A^2 B^2$

62. Aus Aufg. 61 folgen die beiden Formeln

$$(R \cdot S)^2 = R^2 S^2 - (R \times S)^2 \ldots \text{(a)}$$

bzw.

$$(R \times S)^2 = R^2 S^2 - (R \cdot S)^2 \ldots \text{(b)}$$

Nach (a) ist

$$[ABC]^2 = \{(A \times B) \cdot C\}^2 = (A \times B)^2 C^2 - \{(A \times B) \times C\}^2;$$

nach (b) ist

$$(A \times B)^2 C^2 = A^2 B^2 C^2 - C^2 (A \cdot B)^2;$$

und mit dem Entwicklungssatz erhält man

$$\{(A \times B) \times C\}^2 = B^2 (C \cdot A)^2 + A^2 (B \cdot C)^2 + 2(A \cdot B)(B \cdot C)(C \cdot A).$$

Das ergibt schließlich

$$[ABC]^2 = A^2 B^2 C^2 - A^2 (B \cdot C) - B^2 (C \cdot A) - C^2 (A \cdot B) - 2(A \cdot B)(B \cdot C)(C \cdot A).$$

63. $(A \times B) \times (C \times D) = (BA - AB) \cdot (C \times D) = B[ACD] - A[BCD]$;
eine andere Form der Lösung ist $C[ABD] - D[ABC]$.

64. Nach Seite 88 oben ist

$$v = \frac{\mu E + \mu^2 (E \times B) + \mu^3 B (E \cdot B)}{1 + \mu^2 B^2}.$$

Dies vereinfacht sich im vorliegenden Fall wegen $E \perp B$ zu

$$v = \frac{\mu E + \mu^2 (E \times B)}{1 + \mu^2 B^2}.$$

Man erhält hieraus

$$v_E = \frac{v \cdot E}{E} = \frac{\mu E}{1 + \mu^2 B^2}$$

$$v_B = \frac{v \cdot B}{B} = 0$$

$$v_{E \times B} = \frac{v \cdot (E \times B)}{|E \times B|} = \frac{\mu^2 |E \times B|}{1 + \mu^2 B^2}.$$

Die Querablenkung durch das Magnetfeld wird durch $v_{E \times B}$ beschrieben. Diese Komponente hängt von μ^2 ab, ist also vom Vorzeichen für μ unabhängig.

65. Aus $A \times (B \times C) = (A \times B) \times C$ folgt $\{(A \times B) \times C\} - \{A \times (B \times C)\} = 0$.

Man formt mittels des Entwicklungssatzes um:

$$\{(\boldsymbol{A} \times \boldsymbol{B}) \times \boldsymbol{C}\} - \{\boldsymbol{A} \times (\boldsymbol{B} \times \boldsymbol{C})\} = \boldsymbol{B}(\boldsymbol{A} \cdot \boldsymbol{C}) - \boldsymbol{A}(\boldsymbol{B} \cdot \boldsymbol{C}) - (\boldsymbol{A} \cdot \boldsymbol{C})\boldsymbol{B} + (\boldsymbol{A} \cdot \boldsymbol{B})\boldsymbol{C}$$
$$= \boldsymbol{C}(\boldsymbol{A} \cdot \boldsymbol{B}) - \boldsymbol{A}(\boldsymbol{C} \cdot \boldsymbol{B}) = (\boldsymbol{A} \times \boldsymbol{C}) \times \boldsymbol{B}$$

Damit ist der Nachweis erbracht.

66. $V = 0{,}932\,\text{nm}^3$; $\boldsymbol{a}^* = (1{,}93\boldsymbol{i} + 0{,}184\boldsymbol{k})\,\text{nm}^{-1}$; $\boldsymbol{b}^* = 1{,}109\boldsymbol{j}\,\text{nm}^{-1}$; $\boldsymbol{c}^* = 0{,}501\,\boldsymbol{k}\,\text{nm}$.

Sachverzeichnis